WANGLUO
ZONGHE BUXIAN

网络综合布线

主　编　唐承辉　熊　强
副主编　简青青　吴侬浓　舒德凯　罗德富
参　编　周文凭　陈世刚　罗　义　陈智启
　　　　张　林　蒲俊松　梁　醒　赵海军

ZHONGDENG ZHIYE JIAOYU
JISUANJI ZHUANYE XILIE JIAOCAI

重庆大学出版社

图书在版编目（CIP）数据

网络综合布线／唐承辉，熊强主编. -- 重庆：重庆大学出版社, 2025.8. --（中等职业教育计算机专业系列教材）. -- ISBN 978-7-5689-5386-3

Ⅰ. TP393.033

中国国家版本馆CIP数据核字第2025UK6497号

中等职业教育计算机专业系列教材

网络综合布线

主　编　唐承辉　熊　强

责任编辑：章　可　　版式设计：章　可

责任校对：关德强　　责任印制：赵　晟

*

重庆大学出版社出版发行

社址：重庆市沙坪坝区大学城西路21号

邮编：401331

电话：（023）88617190　88617185（中小学）

传真：（023）88617186　88617166

网址：http://www.cqup.com.cn

邮箱：fxk@cqup.com.cn（营销中心）

全国新华书店经销

重庆亘鑫印务有限公司印刷

*

开本：787mm×1092mm　1/16　印张：12.75　字数：319千

2025年8月第1版　2025年8月第1次印刷

ISBN 978-7-5689-5386-3　定价：45.00元

前　言

在信息技术迅猛发展的当下，网络如同社会的神经脉络，而综合布线则是这一脉络的关键基石，其重要性在构建智能化信息网络的进程中日益凸显，已然成为现代社会不可或缺的基础设施。

本书在编写过程中，始终秉持理论与实践相结合的原则，根据网络综合布线课程的教学需求，结合网络综合布线的国家标准和实际布线工程经验，由浅入深、循序渐进，结合清晰的逻辑结构、丰富的实例讲解以及简洁的语言表达，帮助读者系统地掌握综合布线的基本概念、设计原则、施工技巧、工程管理以及测试验收等全方位知识。

本书具有如下特色：

1. 体系架构科学合理

本书共分八个项目，各项目分工明确，从基础铺垫到深入设计、施工，再到工程管理与验收，层层递进，为读者呈现完整的知识链条，形成逻辑严谨、层次分明的科学体系。

2. 理论实践紧密融合

本书的编写始终遵循理论与实践相结合的理念。一方面，清晰地阐述综合布线的基本概念、设计原则等理论知识，为读者筑牢根基；另一方面，通过大量实例的剖析，让读者深入理解理论在实践中的应用，切实掌握关键技术，掌握解决实际问题的能力。

3. 内容覆盖全面广泛

本书全面涵盖综合布线多方面的内容。项目一、项目二开启基础认知，项目三、项目四涉及工程概预算、招投标及设备材料，项目五聚焦施工前的准备，项目六详解施工过程，项目七、项目八包含工程管理与测试验收，各项目协同合作，将综合布线领域的各个层面清晰展现，为读者提供全方位的知识全景。

4. 紧跟技术前沿动态

关注行业发展脉搏，积极将最新技术成果与理念融入教材。无论是新兴的布线材料应用，还是先进的工程管理模式，都在本书中有所体现，确保读者所学知识与时代同步，在掌握基础核心知识的同时，通过开拓视界栏目，了解行业前沿趋势，拓宽专业视野。

本书由重庆工商学校唐承辉和重庆市育才职业教育中心熊强担任主编，重庆工商学校简青青、吴依浓、舒德凯和重庆市育才职业教育中心罗德富担任副主编，汇聚了一众致力于网络综合布线工程和教学工作多年的资深专家。他们凭借丰富的教学经验、深厚的理论功底以及扎实的实践积累，共同构建了本书的专业框架体系，确保了内容的权威性与专业性。参与本书编写工作的还有重庆工商学校的罗义、周文凭、陈世刚、张林、蒲俊松，重庆市江津第八中学的梁醒和赵海军，北京市顺义区第一中学的陈智启。

本书对应课程建议安排理论 36 学时，实训 72 学时，共计 108 学时，内容组成及建议学时如下。

项目编号	项目名称	建议学时
一	综合布线基础	16
二	综合布线的设计规划	10
三	综合布线工程概预算与招投标	8
四	综合布线的常用设备与材料	12
五	综合布线工程施工准备	12
六	综合布线工程施工	36
七	综合布线工程管理	6
八	综合布线工程测试与验收	8

本书也得到了西安开元电子实业有限公司、上海企想信息技术有限公司、重庆跃途科技有限公司的大力支持和帮助，在此表示衷心的感谢！

在此，特别感谢所有参与本书编写和出版的同仁，是你们的辛勤努力与无私奉献，使得本书得以顺利问世。同时，也感谢广大读者的关注与支持。由于编者水平有限，书中难免存在疏漏之处，敬请广大读者批评指正。我们将持续汲取各方意见，不断完善和提升教材质量。联系方式：32100082@qq.com。

编　者
2025 年 5 月

目 录
contents

项目一　综合布线基础

项目背景

在当今数字化时代，人们对于高效、稳定的网络通信的需求日益增长。综合布线作为构建网络基础设施的关键环节，其质量和合理性直接影响着网络的性能和可靠性。然而，在实际应用中，部分施工人员由于对综合布线基本组成的理解不足，导致布线系统存在诸多问题，如信号干扰、传输速率受限等，影响了业务的正常开展。所以施工人员对综合布线基本组成的了解是非常必要的。

项目任务

南方某公司新建了一个多层商业中心，现在需要设计和实施一套完整的综合布线系统。该商业中心涵盖了零售店铺、办公楼以及多功能会议区，每个区域对网络的需求各不相同，需要你考虑一套完善的网络布线方案来满足各自的特定需求，你现在先要试着了解综合布线系统的基本组成。

项目目标

知识目标

（1）了解综合布线的发展历程和应用领域；

（2）理解综合布线的基本概念和组成要素；

（3）掌握综合布线七大子系统的功能和相互关系。

技能目标

（1）能准确识别综合布线系统中的各个组成部分；

（2）能根据实际需求分析综合布线系统的结构；

（3）能制作双绞线跳线，端接打线模块和免打模块。

素质目标

（1）培养对综合布线知识的好奇心和求知欲；

（2）树立严谨科学的思维，对待布线工作认真负责；

（3）增强团队协作意识，积极参与交流与合作。

任务一 综合布线系统

综合布线系统是信息传输的重要通道，它如同神经系统一般贯穿各类建筑和场所，实现了数据、语音、图像等信息的快速传输。无论是企业办公、学校教学还是家居生活，都离不开综合布线系统的支持。本任务将介绍综合布线系统的定义、组成部分、特点及工作原理等内容，让你对其有清晰的认识。

活动一 认识综合布线系统

1. 综合布线技术的发展历程

①早期的网络布线：在计算机网络刚刚出现时，主要使用传统的电话线和同轴电缆进行布线。这种布线方式虽然结构简单、成本低，但带宽有限，只能支持较低速率的数据传输。

②网络布线标准的出现：随着网络的发展和应用需求的增加，人们开始意识到网络布线的重要性。于是，一些组织和标准机构开始制定网络布线的标准，如 EIA/TIA-568 标准。这些标准规定了网络布线的物理结构、线缆类型、连接器规范等，为网络布线提供了统一的规范和指导。

③网络布线技术的进步：随着科技的不断进步，网络布线技术也在不断发展。传统的电话线和同轴电缆逐渐被更高带宽的网线和光纤所取代。网线的类型也从 CAT5E、CAT6 发展到了 CAT6A、CAT7、CAT7A、CAT8 等，提供了更高的传输速率和更好的抗干扰性能。光纤的应用也越来越广泛，能够提供更远距离的传输和更高的带宽。

④网络布线的智能化：随着物联网和智能家居的兴起，综合布线系统日益注重智能化和可管理性。智能化的布线系统可以实现远程监控、故障检测和管理，提高布线系统的可靠性和维护效率。

⑤未来的发展趋势：随着 5G、物联网和人工智能等技术的快速发展，综合布线将面临更多的挑战和机遇。未来的网络布线将更加注重高速传输、低延迟、高密度和灵活性，以满足不断增长的数据需求和新兴应用的要求。

综合布线经历了从传统布线到标准化布线，再到技术进步和智能化的发展历程，未来将继续适应新技术的发展和应用需求，不断演进和创新。

20 世纪 50 年代初，一些经济发达国家就在大型高层建筑中采用电子组件的控制系统。

20 世纪 60 年代，弱电技术在建筑物中的应用越来越广，开始出现数字式自动化系统。

20 世纪 70 年代，计算机已进入建筑物自动化系统。

1984 年，首座智能大厦在美国建成，但当时仍采用的是传统布线。

1985 年，贝尔实验室首先推出了一种在建筑物和建筑群中传输信息的网络系统——综合布线系统，并于次年通过 EIA 和 TIA 的认证，在全球范围内得到了认可。

1992 年，开始使用三类布线系统，传输频率为 10 MHz（CAT3）。

1995 年，开始使用五类布线系统，传输频率为 100 MHz（CAT5）。

1999 年，开始使用增强型五类布线系统（CAT5E）。

2000 年，六类布线系统正式登场（CAT6）。

2004 年，增强型六类布线系统进入人们的视野（CAT6A）。

目前，搭建网络时，铜缆部分所用的主流配置为超五类、六类屏蔽与非屏蔽布线产品，主干线路采用光纤产品。2006 年，相关机构就发布了 10GBASE-T 的网络标准，10 G 以太网要求采用超六类布线系统，10GBase-T 每对线缆上的双向传输带宽为 2.5 Gbit/s，4 对线缆的传输带宽为 10 Gbit/s。

为了满足更高的传输要求，2002 年，ISO 国际标准化组织曾经提出过传输频率带宽为 600 MHz 的 CAT7 类传输标准（满足万兆传输标准的 CAT6A 线缆频率带宽仅为 500 MHz）；2010 年，ISO 国际标准化组织又推出传输频率带宽为 1 000 MHz 的 CAT7A 类传输标准。

CAT7 和 CAT7A 均为 S/FTP 双层屏蔽的布线系统，连接器采用非 RJ-45 连接器。从目前的市场发展趋势看来，数据中心会更多采用多模光纤，而不是 CAT7 或者 CAT7A 产品，因为从传输距离来看，即便是在万兆以太网上，光纤中的短波能够支持比七类线缆更长的传输距离，而价格也可能会更实惠。在实际使用中，光纤也有更多的优势，如传输距离远、传输稳定、不受电磁干扰的影响、支持带宽高、不会产生电磁泄漏。

八类网线的相关标准由美国通信工业协会（TIA）TR-43 委员会发布，规定了 CAT8 网线的最小传输速率，可支持 25 Gbit/s 和 40 Gbit/s 的网络布线。八类网线是最新一代双屏蔽（SFTP）的网络跳线，它拥有两个导线对，可支持 2 000 MHz 的频率带宽，且传输速率高达 40 Gbit/s，但它的最大传输距离仅有 30 m，故一般用于数据中心的服务器、交换机、配线架以及其他设备的连接。

⊤ 开拓视界

综合布线系统作为信息时代的基石，其演变历程体现了科技进步与社会责任的深度融合。从初始的分散布线到如今的智能化、标准化布线系统，这一转变不仅提高了信息传输的效率与可靠性，还推动了社会的信息化和经济发展。在推动技术创新的同时，我们必须承担科技伦理的责任，确保技术的应用能够惠及社会大众，缩小数字鸿沟。通过研究综合布线的历史，我们应当意识到每一次技术革新都是对人类智慧的挑战和肯定，我们在保持科学探索热情的同时，应积极培养创新意识和社会责任感。

2. 综合布线系统的基本概念及特点

综合布线系统是构建智能化办公和数字化信息系统的基础设施，包括高品质的线缆（如双绞线、同轴电缆和光缆）、规范的配线接续设备（即接续设备或配线设备）以及连接硬件。此外，从软件角度看，它是一个将语音、数据等系统统一规划和设计的结构化布线系统。综合布线系统为办公提供信息化、智能化的物质介质，支持语音、数据、图文、多媒体等综合应用，是目前国内外公认的科学技术先进、服务质量优良的布线系统，正被广泛推广和使用。它具有以下特点：

①实用性：综合布线系统适应现代和未来通信技术的发展，采用光缆或高质量的连接硬件实现了语音、数据等信号的统一传输。

②灵活性：布线系统满足各种应用需求，使任一信息点能连接不同类型的终端设备，如电话、计算机、打印机、电脑终端、传真机、各种传感器件以及图像监控设备等。当设备数量和位置变化时，只需简单的插接工序就可完成安装，方便实用，且节省工程投资。

③模块化：综合布线系统中除固定在建筑物内的水平缆线外，其余所有接插件都是基本标准件，可互连所有语音、数据、图像和楼宇自动化设备，以方便使用、搬迁、更改、扩容和管理。

④扩展性：综合布线系统的网络结构一般采用星型结构，各条线路自成独立系统，改建或扩建时互不影响。所有布线部件采用积木式的标准件和模块化设计，易于更换和排除故障，并采用集中管理方式，有利于分析、检查、测试和维修，节约维护费用和提高工作效率。

⑤经济性：采用综合布线系统后可以减少管理人员，同时模块化结构降低了日后更改或搬迁系统时的费用。

⑥兼容性：符合国际通信标准的各种计算机和网络拓扑结构都能适应，对不同传输速度的通信要求也能适应，可以支持和容纳多种计算机网络运行。

3. 综合布线系统的组成结构

国内的综合布线结构和组成都要符合住房和建设部发布的《综合布线系统工程设计规范》（GB 50311—2016）。根据该规范，综合布线系统由 7 个基本子系统构成：工作区子系统、配线子系统、管理间子系统、干线子系统、设备间子系统、建筑群子系统和进线间子系统。图 1-1-1 展示了综合布线系统立面图的布局，而图 1-1-2 则展示了其链路的构成。

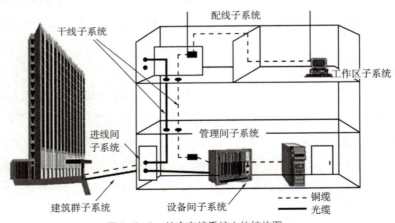

图 1-1-1 综合布线系统立体结构图

（1）工作区子系统

工作区子系统，也称服务区子系统，是一个独立的区域，需要设置终端设备（TE）。它由配线子系统的信息插座模块（TO）延伸到终端设备的连接缆线及适配器组成。在日常使用网络时，能接触到的就是工作区子系统，如墙面或地面安装的网络插座、终端设备跳线和计算机，如图 1-1-3 所示。

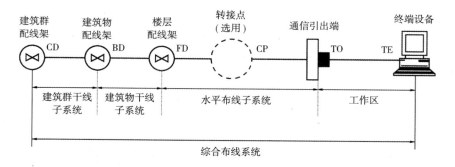

图 1-1-2 综合布线系统链路构成

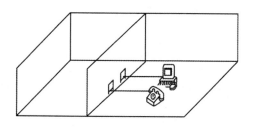

图 1-1-3 工作区子系统

施工时需注意以下几点：

①从 RJ-45 插座到终端设备的连接应使用双绞线，且长度不宜超过 5 m；

② RJ-45 插座应安装在不易被触摸到的墙壁位置；

③ RJ-45 插座与电源插座等应保持 20 cm 以上的距离；

④对于墙面型信息插座和电源插座，其底面离地面的高度应保持在 30 cm 以上。

（2）配线子系统

配线子系统，也称水平子系统，是由设备间至管理间的干线电缆和光缆、安装在设备间的建筑物配线设备（BD）及设备缆线和跳线组成的系统。该系统一般包括穿线管、水平桥架、连接信息插座和配线架的线缆、配线设备等，如图 1-1-4 所示。水平子系统通常采用星型拓扑结构，是永久链路，最大长度不超过 90 m。

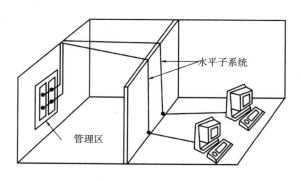

图 1-1-4 配线子系统

施工时需注意以下几点：

①双绞线的长度不应超过 90 m；

②避免水平线缆与供电线长距离平行敷设；

③线缆必须走线槽或在天花板吊顶内布线；

④在特定环境中布线时，应对传输介质进行保护。

（3）管理间子系统

管理间子系统，也称电信间或配线间，专门用于安装楼层机柜、配线架、交换机等设备，如图 1-1-5 所示。管理间一般设置在每楼层的中间位置，主要安装建筑物楼层配线设备。

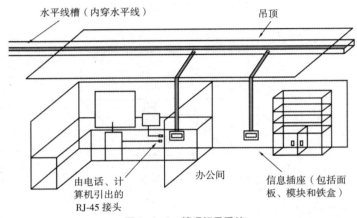

图 1-1-5　管理间子系统

施工时需注意以下几点：

①当楼层信息点较多时，可设置多个管理间；

②配线架的数量应根据所管理的信息点数量来确定；

③进出线路跳线应采用色标或标签进行标识；

④配线架一般包括光配线盒和铜缆配线架；

⑤有交换机、路由器的地方要配备专用的不间断电源（UPS）。

（4）干线子系统

干线子系统由管理间配线架（FD）、设备间配线架（BD）以及它们之间的桥架和缆线组成，这些缆线包括双绞线电缆和光缆，通常垂直安装，因此常称为垂直子系统。其主要功能是连接各分层配线架与主配线架。

施工时需注意以下几点：

①垂直子系统一般选用光缆，且拐角处不宜用直角；

②干线电缆和光缆的交接次数不应超过两次；

③从楼层配线到建筑群配线架间只应有一个配线架。

（5）设备间子系统

设备间子系统是建筑物的网络中心，有时也称建筑物机房，由电缆及相关支撑硬件组成，并在适当地点实现网络管理和信息交换。其主要设备包括计算机网络设备、服务器、防火墙、路由器、程控交换机等。施工时建议将设备间设在建筑物中部或一、二层，且位置不应远离电梯，以便扩展。

同时建议为进入建筑物的线缆设置过流、过压保护设施。

（6）建筑群子系统

建筑群子系统，也称楼宇子系统，是将一座建筑物中的缆线延伸到另一座建筑物的布线部分。它由建筑群配线设备（CD）、建筑物之间的干线电缆或光缆、设备缆线及跳线等组成。在选择介质时，若楼间距离在两千米以内，可使用室外光纤作为传输介质，并可采用埋地或架空方式敷设，同时避开动力线并注意光纤弯曲半径合理。

（7）进线间子系统

进线间子系统是建筑物外部通信和信息管线的入口部分，可作为入口设施和建筑群配线设备的安装场地。进线间通常通过地埋管线进入建筑物内部，宜在土建阶段实施，并预留适量余量以满足多家电信运营商的业务接入需求。

4. 综合布线系统的应用场景

综合布线系统赋予智能建筑群的信息设施模块化扩展、更新及灵活重组的能力。这不仅为用户打造了先进的信息系统环境，增强了控制和管理功能，而且还节省了成本，保障了投资回报。作为现代化建筑不可或缺的一部分，综合布线系统在商业办公场所、教育机构、医疗设施、酒店、购物中心以及工厂、地铁车站、铁路枢纽和军事基地等场景都有广泛应用。应用案例包括智能监控系统、智能社区管理、智能消防系统、楼宇自动化系统、智能家居产品、智能照明系统、公共广播系统、系统集成产品以及建筑设备监控系统等。

开拓视界

随着新技术的不断涌现，众多数据中心正处于快速发展阶段，智能电子配线架等创新产品也开始融入综合布线系统中。未来，超高清视频、云游戏、云VR等应用将引发网络流量的激增，对综合布线系统的性能要求也将进一步提高。在大数据产业的驱动下，我国的综合布线行业近年来保持了约5%的年增长率。展望未来，综合布线系统的发展速度必将加快，市场前景十分广阔。

活动二 理解综合布线系统的设计等级

综合布线系统的设计等级是根据布线系统的性能和可靠性要求来确定的。设计等级通常分为 A、B、C、D、E、EA、F、FA 几个级别，其中 A、B、C 3 个级别对应的综合布线系统已被淘汰，目前仍然在使用的等级是从 D 级别开始。

D：使用五类双绞线布线，适用于一些低要求的办公楼、住宅等场所。该等级的布线系统能够支持较低的传输速率和带宽要求，如 10BASE-T 以太网，但它基本要退出市场了。

E：使用六类双绞线布线，适用于一些对网络性能要求较高的场所，如大型企业办公楼、数据中心等。该等级的布线系统能够支持较高的传输速率和带宽要求，如 1000BASE-T 以太网。

F：使用七类双绞线布线，适用于对网络性能要求非常高的场所，如金融机构、科研实验室等。

该等级的布线系统能够支持更高的传输速率和带宽要求，如 10GBASE-T 以太网。

FA：这是一种高性能的设计等级，使用 CAT7A 类双绞线布线，适用于对网络性能要求极高的场所，如高频率交易所、云计算中心等。该等级的布线系统能支持非常高的传输速率和带宽，如 40GBASE-T 以太网。

设计等级的选择应根据实际需求和预期的网络性能来确定。较高的设计等级通常需要更大的投资和更复杂的布线系统，但能够提供更高的性能和可靠性。因此，在进行综合布线系统设计时，需要综合考虑预算、性能要求和未来的扩展需求等因素。

在建筑物的综合布线系统中，根据工作区的需求不同（每个工作区为 8 ~ 10 m²），等级一般又分为以下 3 种：基本型综合布线系统、增强型综合布线系统和综合型综合布线系统。

1. 基本型综合布线系统

基本型综合布线系统方案是一个经济有效的布线解决方案。它支持语音或综合型语音 / 数据通信，并能够无缝过渡到数据的异步传输或综合型布线系统。

（1）基本型综合布线系统的基本配置

• 每个工作区设有 1 个信息插座和 1 个语音插座；

• 每个工作区配备一条 4 对 UTP（非屏蔽双绞线）缆线系统；

• 采用夹接式连接硬件，确保与未来附加设备的兼容性。

（2）基本型综合布线系统的特性

• 支持各种语音和数据传输应用；

• 便于维护人员进行管理和维护；

• 兼容众多厂家的产品设备，支持特殊信息的传输。

2. 增强型综合布线系统

增强型综合布线系统不仅支持语音和数据的应用，还支持图像、影像、影视、视频会议等。它拥有增加功能的余地，并能够利用接线板进行管理。

（1）增强型综合布线系统的基本配置

• 每个工作区设有 1 个信息插座和 1 个语音插座；

• 每个工作区配备 2 条 4 对 UTP 缆线系统；

• 采用夹接式连接硬件，确保与未来附加设备的兼容性。

（2）增强型综合布线系统的特性

• 每个工作区有 2 个插座，灵活方便且功能齐全；

• 任一插座均可提供语音和高速数据传输；

• 便于管理与维护；

• 能够为众多厂商提供服务环境的布线方案。

3. 综合型综合布线系统

综合型布线系统是将双绞线和光缆纳入建筑物布线的系统。

（1）综合型布线系统的基本配置

• 在建筑或建筑群的干线或配线子系统中配置 62.5 μm 的光缆；

• 每个工作区设有 2 个以上的信息点（语音或数据）；

• 每个工作区配备 2 条 4 对 UTP 缆线系统。

（2）综合型布线系统的特性

• 每个工作区有 2 个以上的信息插座，不仅灵活方便而且功能齐全；

• 任一信息插座都可供语音和高速数据传输；

• 可根据用户的具体需求提供服务。

活动三　了解综合布线系统的标准

最早的综合布线标准起源于美国。1991 年，美国国家标准协会（TIA）制定了 TIA/EIA 568 民用建筑缆线标准，经改进后于 1995 年修订为 TIA/EIA 568A 标准。国际标准化组织（ISO）和国际电工委员会（IEC）在美国综合布线标准的基础上进行修改，于 1995 年 7 月正式公布《ISO/IEC 11801：1995（E）信息技术—用户建筑物综合布线》，并作为国际标准。同年，欧洲各国联合发布制定了欧洲标准（EN 50173）。

1. 综合布线系统的国际标准

① ISO/IEC 11801：这是综合布线领域最重要的国际标准之一，它定义了综合布线系统的结构、组件、测试方法和性能要求，目前最新的版本是 ISO/IEC 11801：2017 标准。ISO/IEC 11801 标准包括多个部分，涵盖了不同传输介质（如铜缆、光纤）和不同应用场景（如数据中心、办公楼）的要求。

② TIA/EIA-568：这是美国电信行业协会和电子工业协会（EIA）共同发布的综合布线标准，目前最新的版本是 EIA/TIA-568-C 标准。它与 ISO/IEC 11801 标准相似，定义了综合布线系统的结构、组件、测试方法和性能要求。

③ ANSI/TIA-568-C：这是美国国家标准学会（ANSI）和 TIA 共同发布的最新标准。ANSI/TIA-568-C 标准对前一版本进行了更新和修订，包括对新技术和新应用的支持，如 10GBASE-T 以太网。

④ EN 50173：这是欧洲标准化组织发布的综合布线标准，它与 ISO/IEC 11801 标准基本一致，也包括多个部分，定义了综合布线系统的结构、组件、测试方法和性能要求。

2. 综合布线系统的中国标准

① GB 50311—1996：这是中国最早的综合布线系统标准，于 1996 年发布。该标准规定了综合布线系统的结构、组件、安装和测试要求，以及性能参数的测试方法。这一阶段的网络有 10 Mbit/s 的星型以太网、16 Mbit/s 的令牌环网以及同轴电缆连接的总线式网络，以此 3 类网络为主。

② GB/T 50311—2000：于2000年发布。该标准进一步细化了综合布线系统的设计和实施要求，增加了对新技术和新应用的支持。这一阶段的网络，更多地采用10/100 Mbit/s以太网和100 Mbit/s的FDDI光纤网，基本淘汰了总线型和环型网络。

③ GB/T 50311—2007：于2007年发布。增加了对光纤布线系统和高速以太网的支持。这一阶段的网络中，超五类、六类布线产品得到普遍应用，光纤也开始广泛应用于各级综合布线系统中。

④ GB/T 50311-2010：于2010年发布。增加了对10GBASE-T以太网的支持。

⑤ GB 50311-2016：于2016年发布。增加了对40GBASE-T以太网光纤布线系统的支持。

任务检测：

一、选择题

1.综合布线系统一般分为（　　）个子系统。

A. 4　　　　　　　　B. 5　　　　　　　　C. 6　　　　　　　　D. 7

2.综合布线系统的拓扑结构一般为（　　）。

A. 总线型　　　　　B. 星型　　　　　　C. 树型　　　　　　D. 环型

二、简答题

1.什么是综合布线系统？它在信息通信领域中的作用是什么？

2.综合布线系统包括哪些主要组成部分？请简要描述每个组成部分的功能。

3.当前主要的综合布线系统标准有哪些？请简要介绍其中一个标准的内容和作用。

4.简要说明综合布线系统的设计等级。

5.请描述一个实际应用场景中的综合布线系统，并解释其设计和实施的考虑因素。

任务二　综合布线的基本组成

综合布线是一个复杂而有序的系统，它是信息流通的桥梁，将各个节点紧密相连。它的合理构建决定了信息传递的效率和稳定性，影响着人们工作、生活和学习的方方面面。其不仅要满足当下的需求，还要具备应对未来变化的能力。本任务将介绍综合布线的各个组成部分，包括子系统的划分、设备与材料的运用等，让你全面了解其构成要素。

选择合适的传输介质是综合布线系统设计的关键步骤，它取决于网络需求、带宽要求、传输距离及预算等多种因素。在综合布线系统的规划和实施中，要综合这些因素，挑选最适合的传输介质以满足特定的网络性能需求。常见的传输介质包括有线传输介质（铜缆、光缆）和无线传输介质。

1. 铜缆

铜缆利用铜导线传输电信号，是最常见的传输介质之一。它主要包括双绞线（图 1-2-1）和同轴电缆（图 1-2-2）。双绞线广泛应用于数据传输和以太网通信，而同轴电缆则常用于视频和电视信号传输。铜缆以其低成本、易安装和维护便利的优点，适用于多数家庭和办公网络环境。

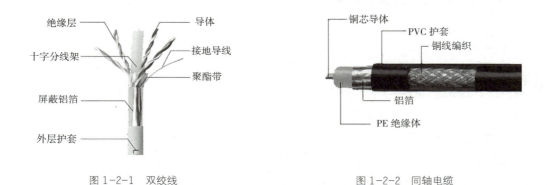

图 1-2-1 双绞线　　　　　　　　　　　　　图 1-2-2 同轴电缆

2. 光缆

光缆（图 1-2-3），通常也称光纤（尽管两者概念有所差异），采用光信号通过一根或多根玻璃或塑料纤维传输数据。光缆能够实现更高的带宽，适合长距离传输应用，如数据中心、广域网和长途电话线路。光缆的主要优点是抗电磁干扰、损耗低、安全性高，但其成本相比铜缆较高。

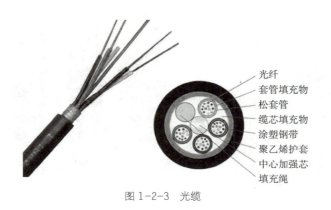

图 1-2-3 光缆

传输介质作为网络信息的运载者,其性能直接决定着网络的质量和效率。正如社会中的多元文化和不同群体各具特色、各有所长,不同种类的传输介质也具有独特的特性和应用领域。我们应当尊重这些文化差异,促进交流,以实现和谐共生。传输介质发展历程中的创新和超越,也启示我们要勇于探索、敢于创新,持续推动社会向前发展。

活动二 认识布线连接硬件

在综合布线系统中,连接硬件如连接器、模块、面板和线缆管理设备等扮演着连接、管理和保护线缆的重要角色,它们是构建稳定、高性能网络基础设施的关键组成部分。在规划和实施综合布线系统时,应根据网络需求和预算限制,选择合适的连接硬件并确保其质量和可靠性。

1. 连接器

连接器用于不同传输介质之间的连接。

RJ-45 连接器(图 1-2-4),俗称水晶头,用于端接双绞线。RJ-45 连接器有多种版本,如五类、超五类、六类、七类,且有屏蔽型和非屏蔽型之分。

光纤连接器按连接头结构形式分,常见的有 ST、FC、LC 和 SC 等多种(图 1-2-5),各自具有不同的结构和优缺点,应用于各种网络环境中。ST 连接头的外壳呈圆形,紧固方式为螺丝扣,头插入后旋转半周有一卡口固定,缺点是容易折断,多为 10 Base—F 网络使用,如今基本已经淘汰;SC 连接头的外壳呈矩形,紧固方式采用插拔销闩式,不须旋转,直接插拔,使用很方便,缺点是容易掉出来,一般用在交换机和路由器上;FC 连接头上有一螺帽拧到适配器上,优点是牢靠、防灰尘,缺点是安装时间稍长,一般电信网络采用;LC 连接头采用操作方便的模块化插孔闩锁机制,大小只有前几种的一半,通常用于高密度光纤连接,一般用在路由器上。

图 1-2-4 RJ-45 水晶头

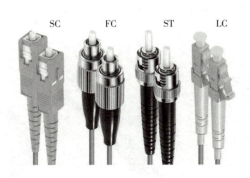

图 1-2-5 各种光纤连接器

2. 网络模块

网络模块用于将连接器与系统的其他组件进行连接，如面板或墙壁插座的连接。它们通常具备标准化接口，便于插拔更换。常见的模块包括 RJ-45 模块（图 1-2-6 和图 1-2-7）和 RJ-11 模块（图 1-2-8）。网络模块适用于设备间与工作区的通信插座连接，8 针芯的针的触点材料为镀金磷青铜，耐用性满足至少 750 次插拔；IDC 打线柱夹子为镀银磷青铜，适用于 22、24 及 26AWG（线芯粗细分别为 0.64 mm、0.5 mm、0.4 mm）缆线，耐用性满足至少 250 次卡接。

图 1-2-6　RJ-45 打线模块　　图 1-2-7　RJ-45 免打模块（压接模块）　　图 1-2-8　RJ-11 模块

3. 面板及底盒

面板用于安装和组织连接器及模块，通常安装在机架、墙壁或地面上。标准面板有 86 型（图 1-2-9）和 120 型（图 1-2-10）。

86 型面板的宽度和长度均为 86 mm，通常采用高强度塑料材料制成，适合安装在墙面，具有防尘功能；120 型面板通常采用金属材料制成，适合地面安装，具有防尘和防水功能。面板通常用于工作区子系统，表面有标识和嵌入式标签，便于识别和管理。信息底盒分为明装和暗装两种，如图 1-2-11 所示。

图 1-2-9　86 型面板　　　　　　　　　图 1-2-10　120 型面板

明装　　　　　　　　暗装

图 1-2-11　86 型面板的信息底盒

4. 线缆管理设备

线缆管理设备用于整理和保护线缆，包括线槽、线管、线缆束带、光纤法兰盘、铜缆放线盘及标签等，如图 1-2-12 至图 1-2-16 所示。这些设备有助于整齐布放线缆，提升系统的可维护性和可管理性。PVC 线槽主要用于墙面固定线缆，常用型号有 20 系列、40 系列、100 系列等。金属线槽一般称为桥架，一般用于水平及垂直子系统缆线布放，架空安装。线管分为塑料管和金属管，规格以直径区分，如 D16、D20、D25、D32、D40 等。

图 1-2-12　PVC 线槽

图 1-2-13　金属线槽（桥架）

图 1-2-14　光纤法兰盘

图 1-2-15　铜缆放线盘

图 1-2-16　线缆标签

活动三　了解铜缆布线工具

布线工具是建设综合布线系统不可或缺的帮手，使用工具能提升施工效率，确保布线质量和系统性能。本任务要求你深入了解各类布线工具的功能和应用场景，让你对布线工艺有更深入的认识。无论你是布线新手还是资深专家，这些工具都是你顺利完成布线任务的重要伙伴。通过学习，你将能够选择恰当的工具，高效、准确地完成布线工作，为信息传输建立稳固的桥梁。

1. 网线钳

网线钳（图 1-2-17）是压制水晶头、制作双绞线跳线的工具，使用它能方便地完成切断、剥线、剪线、压线等操作。常见的电话线接头和网线接头都是用网线钳压制而成的。网线钳一般包含 4P、6P、8P 3 种接口中的 2 种或者全部。

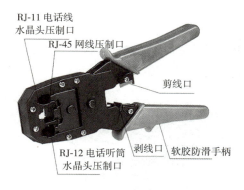

图 1-2-17　网线钳

在购买网线钳时需要注意以下几点：

①用于切线的两个金属刀片的质量要好，保证切出的端口平整无毛刺。同时，两金属刀片之间的距离应适中。太大时不易剥除双绞线的胶皮，太小时则容易切断导线。

②压线端的外形尺寸应与水晶头相匹配。购买时最好准备一个标准的水晶头，将水晶头放入压线端口后应非常吻合，而且压线钳上的金属压线齿（共 8 个）以及另一侧的加固头必须准确地与水晶头相对应，不能出现错位。

③网线钳钢口要坚固，避免刀片缺口和压线齿变形。

2. 打线刀

打线刀用于端接模块和配线架，操作方法简单，只需下压手柄即可完成导线卡接。

常见的打线刀有单口打线刀（图 1-2-18）、语音打线刀（图 1-2-19）和 5 对打线刀（图 1-2-20）。单口打线刀一般用来端接 RJ-45 接口的模块和配线架，5 对打线刀适用于 110 语音配线架的端接。

图 1-2-18　单口打线刀

图 1-2-19　语音打线刀

图 1-2-20　5 对打线刀

使用打线刀时需要注意以下几点：

①注意先将导线按色标顺序手动卡入槽内；

②打线时，保持打线刀垂直，刀口向外；

③打线时，使用爆发力下压，直到听到"咔嚓"声，表明打线正确。用力不能太小，否则可能影响接触状态；用力也不能太大，否则容易把导线打断。

3. 测线仪

测线仪（图1-2-21）是网络布线中常用的测试工具，可检测双绞线的连通性，帮助判断布线是否存在问题。

图1-2-21　测线仪

⊖开拓视界

网络布线工具多种多样，各有所长。正如团队中的每个成员都有各自的特长和角色，我们应尊重差异，协同合作，共同实现目标。

活动四　掌握布线标识和管理方法

在综合布线中，有效的标识和管理方法能提升线缆和设备的可识别性和可管理性，有助于快速定位和解决问题，增强系统的可靠性和可维护性。设计及实施综合布线系统时，应合理选择和应用这些方法。

•线缆标签：用于标识线缆的标签，通常可以包括线缆的名称（如主楼1楼服务器—副楼2楼交换机）、线缆编号（如CAB-001）、用途（如数据连接）、长度（如50 m）、安装日期（如2024-08-08）等信息，便于快速识别和管理。线缆标签可以贴在线缆上，由于标签纸的长度有限，会限制标签内容的长度，通常将汉字部分简化为英文或者拼音缩写。

•端口标签：用于标识网络设备上端口的标签，通常包括设备名称（如交换机A）、端口的编号（如GigabitEthernet1/0/1）、用途（如服务器连接）、连接对象（如服务器1）、端口状态（如已启用）等信息。端口标签可以贴在设备上，以便在需要时快速识别和管理。

•线缆管理系统：一种软件和硬件结合的系统，用于记录和管理综合布线系统中的线缆和设备信息。通过线缆管理系统，可以查看线缆的位置、状态、连接关系等信息，方便维护和故障排除。常见的线缆管理软件包括NetBox、DCIM、CableSolve等。

•线缆槽和线缆托盘：用于组织和保护线缆的设备。它们可以将线缆整齐地安装在墙壁或机架上，防止线缆交叉和不规则布放，便于管理和维护。

•端口管理工具：一种软件工具，用于管理和监控网络设备上的端口。通过端口管理工具，可以查看端口的状态、流量、连接对象等信息，方便识别和管理端口。

•文档记录：一种简单但有效的标识和管理方法。通过记录综合布线系统的设计图纸、线缆清单、端口分配表等信息，可以方便地查找和管理线缆、设备。

实际应用中可根据需要选择部分或全部信息进行标签编写，并可添加额外信息如机房名称、楼层号等，便于管理和维护。

此外，为了保持标签的一致性和易读性，建议使用清晰、易识别的字体和字号，遵循公司内部或行业标准，采用标准化的格式和布局，以确保标签的统一性和规范性。使用打印机或标签打印机来打印标签，可确保标签的质量和持久性。

任务检测：

一、选择题

1.综合布线的传输介质不包含（　　）。

A．双绞线　　　　B．光纤　　　　C．蓝牙　　　　D．光线

2.综合布线常用的连接器件型号不包括（　　）。

A．LC　　　　B．ST　　　　C．SC　　　　D．SD

二、简答题

1．相对于传统布线，综合布线系统有哪些优点？

2．综合布线系统的线缆标签一般可以包含哪些内容？

3．在综合布线施工过程中，给线缆和端口做标记时需要注意什么？

实训任务　制作网络跳线和端接网络模块

活动一　制作网络跳线

网络跳线在综合布线系统中有广泛应用，如连接网络插座与台式计算机或笔记本电脑、将网络配线架连接至网络交换机等设备，以及用于临时性的网络接入。网络跳线通常指长度不超过 5 m 且不短于 60 cm 的电缆，两端均以水晶头端接。本实训要求大家掌握双绞线跳线的制作。

微课

双绞线跳线
的制作

➤ 实训要求
①学会制作超五类的网络跳线；
②分别制作交叉线和直通线各 1 根；
③掌握跳线的测试。

➤ 注意事项
①网线钳的所有刀口都极锋利，人体任何部位不可碰触其上；
②未确认线缆末端按正确线序穿入 RJ-45 头且到位前，切勿压接 RJ-45 头，其为一次性产品；
③工具、器材不能乱摆乱放，更不能弄丢、损坏。

➤ 实训内容
（1）接线标准（国标）
T568A：白绿、绿、白橙、蓝、白蓝、橙、白棕、棕。
T568B：白橙、橙、白绿、蓝、白蓝、绿、白棕、棕。
直通线：跳线两端均为 T568A 线序或者 T568B 线序。
交叉线：跳线两端分别为 T568A 线序和 T568B 线序。

（2）网线的制作

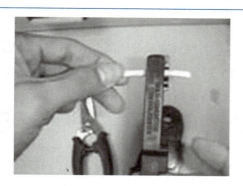

①剥线：用双绞线剥线器将双绞线塑料外皮剥去 2 ~ 3cm。

②排线：将绿色线对与蓝色线对放在中间位置，橙色线对与棕色线对靠外，形成一橙、二蓝、三绿、四棕的线对顺序。

③理线：小心地剥开每一线对（开绞），并根据需要将线芯按 T568B 或者 T568A 标准排序。特别是要将白绿线放在第 3 根线的位置，将线芯拉直压平、挤紧理顺。

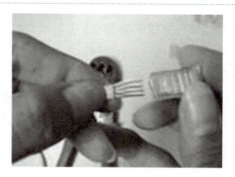

④ 剪线：将裸露的双绞线线芯用压线钳、剪刀、斜口钳等工具整齐地剪切，只剩下约 13 mm 的长度。

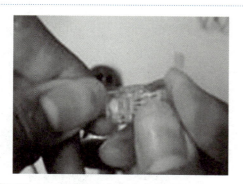

⑤插线：一只手用拇指和中指捏住水晶头，并用食指抵住，水晶头的方向是金属引脚朝上、弹片朝下；另一只手捏住双绞线，用力缓缓将双绞线 8 条导线插入水晶头，并和水晶头顶端紧密接触。

⑥压线：确认无误后，将 RJ-45 水晶头推入压线钳夹槽后，用力握紧压线钳，将突出在外面的针脚全部压入 RJ-45 水晶头内。RJ-45 水晶头连接完成。

至此，这条网线的一端就制作好了。由于只制作好了跳线的一端，所以这条网线还不能使用，还需要制作跳线的另一端。

（3）跳线测试

拨动测试仪电源开关至 ON 挡（S 为慢速测试挡），将网线插头分别插入主测试器和测试端。测试直通线时，测试仪主副两个部分的指示灯从 1 到 8 的顺序逐个成对闪亮（绿灯），表示线缆测试无误，如果出现任何一个灯为红灯或黄灯或不亮，都证明存在断路或者接触不良现象；测试交叉线时，测试仪主仪器的指示灯仍然是从 1 到 8 的顺序依次闪亮，但是副仪器的指示灯闪亮顺序是 3—6—1—4—5—2—7—8。

活动二　端接网络模块

信息模块分为打线模块（冲压型模块）和免打线模块（扣锁端接帽模块）两种。打线模块需要用打线工具将每个电缆线对的线芯端接在信息模块上，免打线模块使用一个塑料端接帽把每根导线端接在模块上。所有模块都有 T568A 和 T568B 接线标准的颜色编码，通过这些编码确定线芯的确切端接位置。本实训要求大家掌握 RJ-45 打线模块的端接和免打线模块的压接。

微课

信息模块的端接

➤ **实训要求**

①完成打线模块的压制；

②完成免打线模块的压制。

➤ **注意事项**

①网线钳和打线刀的所有刀口都极锋利，人体任何部位不可碰触刀口；

②工具、器材不能乱摆乱放，更不能弄丢、损坏。

➤ **实训内容**

（1）打线模块的压制

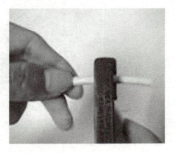

①剥皮：将双绞线外护套剥去 3～5 cm。

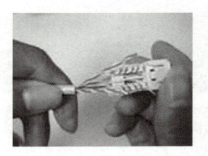

②理线：将双绞线各线对按照模块相应色块分线。

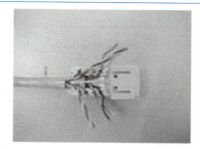

③卡线：将线对卡入模块相应色标的凹槽。

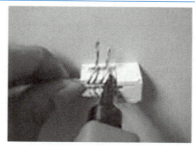

④打线：确认线对与信息模块色标对齐后用打线刀打线。在过程中保证打线刀与模块垂直，打线刀刃口向外，逐条压入并打断多余的线头。

⑤安装保护帽：给信息模块安装防尘盖。

（2）免打线模块的压制

①用双绞线剥线器将双绞线塑料外皮剥去 3 ~ 5 cm，剪掉撕拉线；按信息模块扣锁端接帽上标定的 B 序（无特殊要求，默认都是端接 B 序）线序排列双绞线；理平、理直线缆，斜口剪齐导线。

②线缆按扣锁帽标示的线序方向插入扣锁端接帽，注意保留的开绞长度不能超过 13 mm。

③将多余导线拉直并弯至反面。

④从反面顶端处剪平线缆。

⑤用压线钳的硬塑套将扣锁端接帽压接至模块底座。

⊜ 开拓视界

　　在 2022 年的世界技能大赛中，跳线制作的最快纪录是 22 s 一条（含两个水晶头），模块端接的最快纪录是 33 s 一条链路。

制作网络跳线实训　学生互评表

序号	观察点	观察结果（完成则打√）			评判结果
1	能正确认识并选择压线钳、水晶头、双绞线、测线仪等实训工具和材料				
2	双绞线剥线长度正确（2～3cm）				
3	排线方法正确（可参照教材及教师讲解）				
4	线序正确（无特殊要求，排B序）				
5	压线钳使用正确（观察插入方向和发力方式）				
6	通过电气测试（通过测试仪检测）				

注：学生两两组队，轮流扮演"施工员"和"质检员"，观察操作过程，并进行评价。操作过程中，"质检员"发现"施工员"出现错误时可以提醒：1次都没有提醒就操作正确，在第1列打"√"；提醒1次后操作正确，在第2列打"√"；提醒2次后操作正确，在第3列打"√"；提醒2次后还是操作错误，在第3列打"×"。观察结果的3列中只要有一个"√"，评判结果即为通过，打"√"。后续所有学生互评表都按此填写。

端接网络模块实训　学生互评表

序号	观察点	观察结果（完成则打√）			评判结果
1	能正确认识并选择打线刀、模块、双绞线、水晶头、测线仪等实训工具和材料				
2	模块端双绞线剥线长度正确（3～4cm）				
3	模块端线序正确（核对模块的色块顺序）				
4	模块端卡线位置正确（剥线口进入凹槽约1/4）				
5	操作打线刀时动作正确（刃口朝外，垂直打线）				
6	操作打线刀时打线发力正确（用爆发力下压）				

项目二　综合布线的设计规划

项目背景

随着信息技术的飞速发展，企业数字化转型加速，对于综合布线系统的设计要求越来越高。不合理的布线设计可能导致网络拥堵、维护成本增加以及难以满足未来业务扩展需求。因此，科学合理的设计规划成为综合布线系统成功实施的关键。

项目任务

在项目一里我们已经认识了综合布线的基本组成，本项目的任务是设计一个满足多层商业中心需求的综合布线方案。需要你根据建筑物的功能区域划分、用户密度、业务需求等因素，进行详细的调研和需求分析。基于调研结果，规划出包括水平布线、垂直布线、设备间和工作区布线在内的完整布线方案。设计方案应涵盖缆线类型选择、路由布局、连接硬件配置以及安装方式。通过本项目的实施，你将能够全面掌握综合布线图纸设计方法。

学习目标

➤ 知识目标

（1）了解综合布线设计规划的基本原则和方法；

（2）理解不同建筑环境对布线设计的影响；

（3）掌握综合布线系统设计的规范和标准。

➤ 技能目标

（1）能针对具体项目进行需求分析和方案设计；

（2）能运用专业软件绘制综合布线系统的图纸；

（3）能对设计方案进行评估和优化。

➤ 素质目标

（1）培养创新思维，设计出高效实用的布线方案；

（2）注重细节，确保设计方案的严谨性和可行性；

（3）积极沟通，与团队成员共同完善设计方案。

任务一 综合布线的图纸设计

综合布线的图纸是整个布线工程的规划指南，它如同精准的导航图，指引着工程的实施方向。一份优秀的图纸能有效减少施工中的错误和变更，提高工程效率和质量。它融合了技术与艺术，需要设计者具备深厚的专业知识和创新思维。本任务将介绍综合布线图纸设计的要点、流程、常用工具以及注意事项，助你掌握这一关键技能。

活动一 认识系统图和施工图

1. 系统图和施工图的概念

网络综合布线中，系统图是一种以图形化方式展示整个网络布线系统架构和连接关系的图纸，它通过线条、符号和标注，清晰地展示了各个部分之间的连接方式、线缆类型、走向以及设备的分布位置等信息，有助于规划、设计、实施和维护网络综合布线系统。

施工图又称施工路由图，它是指导施工人员进行布线安装和实施的详细图纸。精心绘制的施工图，可以有效地指导施工人员进行布线作业，减少错误和返工的可能性，提高工程的整体质量和效率。

2. 系统图的链路构成

综合布线系统基本链路（图2-1-1）从建筑群子系统开始到工作区子系统结束，通过缆线（光纤、双绞线或无线传输）连接 CD → BD → FD → TO，图中的 CP（集合点）原则上尽可能不用。

根据建筑物和总体工程大小及布线需要，综合布线系统的 7 个子系统可灵活舍弃或合并，如 BD—BD、FD—FD、CD—FD、BD—TO 之间的布线。

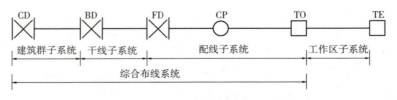

图 2-1-1　综合布线系统基本链路构成

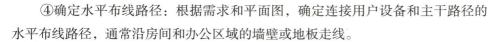

活动二　学习图纸设计要点

1. 设计及实施步骤

①收集需求：了解用户的网络需求和布线环境，包括网络规模、设备类型和数量、拓扑结构、数据传输需求、安全性要求等。

②绘制建筑平面图：获取并标注建筑结构、楼层、房间和设备位置等信息。

微课

网络布线系统施工图的设计

③确定主干路径：根据需求和平面图，确定连接主要设备和机房的主干路径，通常沿建筑物垂直和水平走廊走线。

④确定水平布线路径：根据需求和平面图，确定连接用户设备和主干路径的水平布线路径，通常沿房间和办公区域的墙壁或地板走线。

⑤设计电缆通道和管道：根据主干路径和水平布线路径，设计隐藏保护电缆的通道和管道，如线槽、桥架、线管等。

⑥确定电缆类型和规格：根据需求和布线路径，选择合适的电缆类型和规格，如双绞线、光纤或无线传输方式等。

⑦设计网络设备布局：根据需求和布线路径，设计网络设备布局，包括设备位置和连接方式。

⑧绘制图纸：根据设计使用 AutoCAD 或 Visio 等绘图工具绘制综合布线系统图和施工路由图，包括建筑平面图、主干路径、水平布线路径、电缆通道和管道、设备布局等。

⑨审查和优化设计：审查优化完成的图纸，确保布线路径合理、电缆长度适宜、设备布局合理、电缆通道充足等。

⑩文档编制：根据综合布线系统图和施工图编制文档，包括布线计划、电缆清单、设备清单、标注等。

2. 绘图要点

• 正确使用图形符号：绘图需符合建筑设计标准和图集规定，用约定图形符号表示设施设备，如"| X |"代表网络设备和配线架，"□"代表网络插座，"—"代表连接线缆。

• 合理选择布线路由：施工图设计决定工程项目施工难度和成本，复杂的设计会增加施工难度和成本。

• 清晰准确的连接关系：明确 CD—BD、BD—FD、FD—TO 之间的连接关系，可合并或省略某些子系统。

• 清晰的线缆型号标记：在图纸中清晰描述线缆类型，如光缆或电缆、单模或多模等。

• 完整的图纸图例说明：为帮助理解和阅读图纸，可以添加说明，如标明不常用符号、表示特殊需求的设计说明。

• 完整且正确的标题栏：标题栏是工程图纸不可或缺的内容，一般在右下角，包括工程名称、项目名称、图纸类型、图纸编号、相关人员、时间等，需保证内容完整且正确。

一、选择题

1. 在综合布线图纸设计中，系统图的主要用途是（　　）。

A. 详细指导施工　　　　　　　　　B. 直观反映信息点的连接关系

C. 控制管理设备和配件　　　　　　D. 描述建筑结构细节

2. 综合布线系统基本链路构成的起始点和结束点是（　　）。

A. 从 BD 到 TO　　　　　　　　　B. 仅在建筑物内部

C. 从 CD 到 FD　　　　　　　　　D. 从建筑群子系统到工作区子系统

二、判断题

1. 综合布线系统的子系统一旦设计完成，就不能再进行任何修改。　　（　　）

2. 在图纸设计中，标题栏的内容可以省略，只要图纸清晰即可。　　　（　　）

任务二　综合布线的设计原则

综合布线的设计原则是确保网络基础设施的高效性、可靠性和未来扩展性。遵循科学合理的设计原则，能够提升布线系统的性能，降低成本，便于后续的维护和扩展。设计原则涵盖了从规划到实施的各个环节，需要综合考虑多种因素。本任务将介绍综合布线设计原则的具体内容，包括标准化、可扩展性、分层布线等方面，助你设计优质的布线方案。

活动一　了解工作区子系统设计原则

1. 信息插座安装位置

根据工作区布局和需求确定插座安装位置。插座应布置在便利位置，方便用户接入设备和充电。插座高度适中，方便插拔设备。一般安装在柱子和墙上时，采用 86 型信息盒（图 2-2-1），盒底距离地面至少 30 cm；安装在工作台侧或邻近墙面上时，插座盒底距离地面至少 1 m。图书馆、机场等公共场所的大厅中，信息插座安装在地面上，采用 120 型地面插座（图 2-2-2），满足防水和抗压要求。无特殊要求时，模块和水晶头按 B 序端接。光纤模块安装时，光纤底盒深度不小于

60 mm，确保光纤预留长度和弯曲半径。

图 2-2-1　86 型信息盒（英式）

图 2-2-2　120 型地面插座

2. 信息插座数量和分布

根据工作区需求和设备数量确定插座数量和分布。插座数量足够满足用电需求，避免过多使用延长线和插线板。基本型配置中，设计每 9 m² 布置一个信息插座；增强型配置中，同样面积设计了两个信息插座。购置材料时，信息插座数量在实际数量基础上增加 3% 的冗余，每个信息点对应需要 4 个水晶头，水晶头购置时在实际数量基础上增加 15% 的冗余。信息点铜缆使用 RJ-45（图 2-2-3）或 RJ-11 水晶头（图 2-2-4），插在对应信息模块（图 2-2-5）上，光缆使用 SC（图 2-2-6）或 LC（图 2-2-7）连接头，插在对应光纤耦合器（图 2-2-8）上。

图 2-2-3　RJ-45 水晶头　　　　图 2-2-4　RJ-11 水晶头　　　　图 2-2-5　RJ-45 信息模块

图 2-2-6　SC 冷接子　　　　图 2-2-7　LC 冷接子　　　　图 2-2-8　光纤耦合器

3. 跳线长度和管理

跳线是连接两个设备或部件的短电缆或光缆。跳线长度应根据实际需求合理设计，避免过长或过短。过长的跳线易造成信号衰减和干扰，过短的跳线不便于设备移动和调整。连接信息插座和终端、连接交换机和配线架的跳线的长度原则上不超过 5 m。为方便管理和维护，跳线应合理管理和标识。使用不同颜色的跳线或为跳线添加标签加以区分，方便识别和排查故障（图 2-2-9）。

图 2-2-9　跳线标识

4. 电缆走线和保护

　　工作区子系统的电缆走线应遵循合理布线原则，避免电缆交叉和绕弯。电缆保持整齐、有序，并进行适当保护，防止踩踏或损坏。强弱电平行走线时，间隔至少 30 cm（使用 UTP 线缆），如图 2-2-10 所示。电源插座与信息插座的距离应超过 30 cm，否则信息插座需做屏蔽处理。

图 2-2-10　强弱电分开走线

5. 环境适应性

　　办公区的工作区面积按 5 ~ 10 m² 估算，工程上根据实际工作环境的特点进行适应性设计。潮湿或易污染环境中，选择防水或防尘插座和电缆。各工作区的建议面积见表 2-2-1。

表 2-2-1　各工作区的建议面积

建筑物类型及功能	工作区面积 /m²
网管中心、呼叫中心等终端设备较密集的场地	3 ~ 5
办公区	5 ~ 10
会议、会展场所	10 ~ 60
商场、生产机房、娱乐场所	20 ~ 60
体育场馆、候机室、公共设施区	20 ~ 100
工业生产区	60 ~ 200

活动二　掌握水平子系统设计原则

水平子系统设计涉及拓扑结构、布线路由、管槽设计、线缆类型选择、长度确定、线缆布放及设备配置等内容。由于水平子系统需要铺设大量线缆，如何配合建筑物的装修进行水平布线以及布线后要便于线缆维护是设计过程中应注意的问题。

1. 灵活性和可扩展性

水平子系统应具备灵活性和可扩展性，以适应不同布局和需求变化（确保缆线与插座类型一致）。如采用可移动插座（图 2-2-11）和可调整布线通道，方便根据需求进行布线调整和扩展。由于水平子系统范围广、布线长、材料用量大，对工程总造价和质量影响较大，一般选择性价比最高的方案。购置线缆时需增加 10% 冗余。

图 2-2-11　可移动插座

2. 高带宽和低延迟

水平子系统应提供高带宽和低延迟的数据传输能力，满足现代网络应用需求。例如，选择高速网络电缆和连接器，减少信号传输延迟和损耗。对于铜缆，一般采用 CAT5E、CAT6 或 CAT6A 等标准，根据需求选择合适的规格。一般情况下，铜缆最大线路长度为 90 m（永久链路），如楼道过长或信息点过于密集，可在同一楼层设置两个或多个管理间。对于光缆，水平子系统一般采用多模室内光纤，光缆的最大线路长度因类型而异。

3. 可靠性和冗余性

水平子系统应具备高可靠性和冗余性，保证数据传输稳定性和连续性，如采用双绞线布线和冗余路径设计，防止单点故障和数据丢失。如选择铜缆，至少采用 2 条 4 对双绞线；选择光缆，则纤芯至少有 2 芯备份，即按 4 芯水平缆线配置。

4. 管理和维护便利性

水平子系统的线缆应进行合理的标识和管理，方便对布线系统进行监控和维护，如采用标准化的布线组件和标识，方便布线的管理和故障排除。可以使用标签或颜色编码等方式进行标识。线缆应保持整齐、有序，并进行适当的保护，防止被踩踏或损坏。

5. 安全性

水平子系统应具备一定安全性，保护数据传输机密性和完整性，如采用屏蔽电缆和加密通信机制防止数据泄露和未经授权访问。线缆走线应合理，避免交叉绕弯。

6. 美观性和环境适应性

水平子系统应考虑美观性和环境适应性，保持良好的布线外观并适应不同的工作环境（图 2-2-12）。表面安装适用于频繁更换或调整的场所；隐蔽安装适用于保持整洁美观的场所。隐蔽安装一般考虑在吊顶上布线、楼板或墙内预埋线以保证地面无障碍。在潮湿或易污染环境中可选择防水或防尘线缆和连接器。

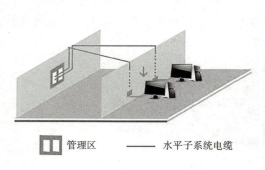

　　▯▯ 管理区　　　————— 水平子系统电缆

图 2-2-12　水平子系统

活动三　学习管理间子系统设计原则

1. 位置选择

管理间位置需考虑与设备间的距离，距离过远会增加布线复杂性和信号衰减风险，距离过近可能导致噪声和热量积聚。管理间应靠近布线路径，减少布线长度和复杂性。

管理间应尽可能靠近管理区域的中心，管理间数量根据管理的楼层范围、工作区面积和信息点数量确定。如果该层信息点数量不大于400个，水平缆线长度在90 m以内，应设置一个管理间；超出时宜设两个或多个管理间；在每层的信息点数量较少，且水平缆线长度不大于90 m的情况下，宜多楼层合设一个管理间。管理间内或其紧邻处应设置电缆竖井。

2. 配线架选择

根据实际需求和预计线缆数量规划容量，选择合适的配线架（图2-2-13）。

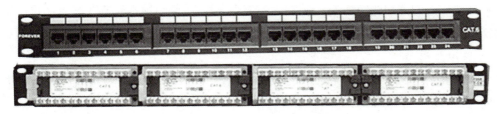

图2-2-13　24口网络配线架正反两面

（1）容量与端口数量

根据实际需求和预计的线缆数量来规划容量。配线架的端口数量应大于当前信息点的数量，以保持一定的冗余，方便未来调整和扩充。

（2）尺寸与空间

配线架的尺寸应与机柜或安装位置的空间相匹配，确保机柜内有足够的空间容纳配线架，并考虑未来的扩展需求，预留足够的空间和余量。

（3）稳定性与材料

选择结构和材料稳定可靠的配线架，以确保其能够承受日常使用中的各种挑战。配线架应具备良好的耐用性和抗振动能力。

（4）标识与管理

配线架应具有清晰的标识和管理功能，以便快速识别和管理不同的线缆和端口。这有助于维护人员快速定位问题并进行维护工作。

（5）兼容性与标准

确保所选的配线架符合行业标准和规范，以便与其他网络设备兼容。同时，考虑配线架的后部空间是否足够容纳不同尺寸的线缆和连接器。

3. 机柜安装

按实际需求和预计设备数量规划容量，选择合适的机柜。确保机柜稳定可靠，安装设备时注意防震、防尘、防静电等要求。管理间使用比较小的墙上型机柜，体积小、方便安装，便于管理和防盗。一般选择6 U机柜（图2-2-14），也有9 U或12 U机柜。合理规划机柜内的布线空间，确保足够容纳线缆和设备，预留足够的空间和余量。常见安装原则如下：

图2-2-14　6 U机柜

①公共场所安装暗装机柜，其底边距离地面不应小于 1.5 m；明装机柜的底边距离地面不应小于 1.8 m。

②垂直干线电缆或光缆的容量小，适合布置在机柜的顶部。

③水平干线电缆容量大，而且跳接次数相对较多，适合布置在机柜的中部，便于操作。

④网络设备为有源设备，布置在机柜下部。

4. 线缆管理

使用线缆管理配件如线缆托盘、线缆槽等整理、管理线缆，能保持线缆的整齐和有序，方便维护和管理。

（1）标识与记录

为方便维护和管理，线缆端接前需理线和盘线，规范绑扎，预留合适的长度，做好清晰的标记；同时，应建立详细的线缆记录。

（2）维护与管理

定期对线缆进行检查和维护，确保其连接良好、无损伤。对于发现的问题，应及时进行处理和修复。此外，对于需要更换或升级的线缆，也应做好相应的管理工作。

5. 标识和标记

工程中，需对每一对线缆的两端和设备进行标记，方便识别维护，确保系统的可维护性。

（1）标识的方法

标识可以采用多种方法，包括使用不同颜色的标签、编号、专用的标识工具等。这些方法应确保标识的清晰、持久和易于识别。此外，还可以采用电子标签或二维码等技术，方便维护人员使用智能设备进行查询和管理。

（2）标记的内容

标记应包含足够的信息，便于维护人员快速理解线缆和端口的属性。具体包括线缆的起点、终点、长度、类型等信息，以及端口的用途、连接的设备等。标记内容应简洁明了，避免过于复杂或冗余的信息。

（3）标准化与一致性

为了确保标识和标记的有效性，应制订统一的标准和规范。其中包括标识的形式、颜色、字体大小等方面的内容，以确保在不同场景下都能保持一致性。此外，还应建立详细的记录系统，记录每根线缆和每个端口的标识信息，方便后续的维护和管理工作。

6. 散热管理

•散热的重要性：网络设备在运行过程中会产生大量的热量，如果不及时有效地散热，会导致设备过热、性能下降甚至损坏。因此，良好的散热管理对于确保网络系统的稳定性和可靠性至关重要。

•散热方式的选择：根据设备的发热量和散热需求，选择合适的散热方式。常见的散热方式包括自然散热、风扇强制散热、液冷散热等。自然散热适用于低发热量的设备，而高发热量的设备可能需要采用风扇或液冷等强制散热方式，管理间子系统一般使用自然散热和安装散热器（图2-2-15）的方式散热。

图2-2-15　散热器

•散热系统的布局：合理布局散热系统，确保散热通道畅通无阻。例如，在机柜中安装散热器时，应考虑散热器的位置和数量，以形成有效的散热风道。同时，还应避免将高温设备和低温设备放在一起，以免影响散热效果。

•环境温度的控制：除设备自身的散热需求外，还应关注机房环境温度的控制。机房温度应保持在适宜的范围内，避免过高或过低的温度对设备造成不良影响。此外，还应定期清理机房中的灰尘和杂物，以保持散热系统的清洁和畅通。

•监控与管理：建立完善的温度监控和管理系统，实时监测设备和机房的温度情况。一旦发现温度异常，应及时采取措施进行处理。同时，还应定期对散热系统进行检查和维护，确保其正常运行。

7. 安全性考虑

保护设备和线缆免受物理损坏和非授权访问。可以使用设备锁、线缆保护套等，限制设备的访问和保护线缆的安全。同时，需做好接地，防止雷电及静电损伤设备。

（1）设备安全

网络设备应放置在专门的机房或机柜中，并采取适当的保护措施，如使用机柜门锁或访问控制系统来限制非授权人员的访问。同时，设备的布置应合理规划，便于散热和维护，防止设备因过热而损坏。

（2）线缆安全

线缆应按照标准规范进行铺设，避免过度弯曲、接触锐利物体或暴露在恶劣环境中。此外，应使用线缆托盘、线槽或管道等设施对线缆进行保护，以防止意外损坏。

（3）电气安全

有源设备都应正确接地，以防止雷电或其他电源浪涌造成的损害。此外，应确保电源线路的稳定可靠，避免因电源故障导致设备损坏或数据丢失。

（4）其他安全

在易发生火灾的区域，应配备灭火器、烟雾探测器等消防设备，并定期检查和维护。对于地震多发地区，应采取抗震措施，如使用抗震支架、固定设备等，以减少地震对设备的影响。

8. 维护和管理

管理子系统应定期进行检查，以发现并及时解决问题。具体内容包括对设备、线缆、接口等进行清洁、检查和测试，确保它们处于良好的工作状态。同时，还应关注设备的使用情况，如温度、功耗等，防止设备过载或过热。建立维护管理台账，以备后查。

1. 带宽需求

带宽，即数据传输速率。根据工程的网络带宽需求，选择合适的技术实现垂直子系统。

在带宽需求大、传输距离长、保密性和安全性要求较高的地方，一般考虑使用高速网络技术，如光纤布线，它可以轻松实现 1 ～ 10 Gbit/s 的传输要求，且抗干扰性好，保密性高。例如，数据中心、大型企业的总部或金融机构等环境，通常需要处理大量的数据交换，确保信息传输的高速率和低延迟，这正是光纤布线发挥优势的场景。

当带宽需求较小时，选择双绞线是一种经济而实用的解决方案。双绞线相比光纤在传输距离和抗干扰性上虽然有所不足，但对于办公楼、小型企业或学校等对带宽需求不是特别大的场所，CAT6 类双绞线也能提供足够的性能和成本效益。双绞线布线较为灵活，安装和维护也相对简单，尤其适用于那些需要频繁调整或升级网络系统的场所。

2. 线缆安装

干线线缆的布线走向应选择较短且安全的路由。路由的选择要根据建筑物的结构以及建筑物内预留的电缆孔、电缆井等通道位置决定。为了便于综合布线的路由管理，干线电缆、干线光缆布线的交接不应多于两次，即从楼层配线架到建筑群配线架之间只应通过一个配线架，即建筑物配线架。

光缆不能直角拐弯布线，必须采用大弧度拐弯，确保线缆的弯曲半径符合标准，避免因过度弯曲或拉伸线缆影响信号传输质量（图 2-2-16）。

使用线缆托盘或线槽，将线缆整齐地安装在墙壁或管道内，避免乱放和交叉。

图 2-2-16 垂直子系统中大弧度弯曲的光缆

3. 安全方面

①保护线缆免受物理损坏和非授权访问；

②使用线缆保护套、护套等，防止线缆被剪断或损坏；

③针对敏感信息的传输，考虑使用加密技术，确保数据的安全性和机密性；

④对线缆进行标识和标记，方便识别和管理，防止错误连接或混乱；

⑤选择符合防火和防水标准的线缆和设备，保护线缆和设备免受火灾和水灾的影响。

4. 空间规划

（1）布线空间的规划

在设计阶段，必须确保有足够的空间容纳所有线缆和设备，以避免线缆受到挤压，从而导致性能下降或损坏。同时，预留足够的余量应对未来的技术升级或网络扩展。

（2）设备的布局规划

合理布局能够有效降低电磁干扰，提高系统的运行稳定性。使用散热设备如风扇、散热器等，可以确保设备的良好通风和散热，避免因过热出现故障。此外，良好的散热设计还能提高能效，降低运维成本。

5. 维护和管理

随着网络环境的不断变化和技术的发展，系统可能会遇到各种故障和问题。因此，定期检查线缆和设备的状态，及时处理潜在的或已经出现的问题，是保障网络可靠性和性能的关键步骤。内容包括对物理线路的检查、设备状态的监控以及系统性能的评估。

（1）建立规范的管理系统

规范的管理系统应包括维护计划、操作流程、故障响应机制以及维护记录。通过这些流程和记录，可以确保每一步操作都有迹可循，每一次故障都得到及时处理，从而大大提升系统的稳定性和可靠性。

（2）建立线缆和设备文档

线缆和设备文档应详细记录线缆类型、长度、连接关系以及设备的配置信息，方便维护人员快速定位问题并进行维护。同时，这些资料也有助于新员工快速了解系统结构，缩短培训时间。

活动五 掌握设备间子系统设计原则

1. 位置合适

选择离用户区域近且易于访问的位置，方便设备的维护和管理。避免选择靠近电源、电梯或其他可能干扰设备正常运行的区域。设备间一般处于干线子系统的中间位置，在工程设计中，低层建筑的设备间一般设置在建筑物的第一层或者第二层（高层建筑的设备间一般设置在第二层或者第三层），而且位置宜靠近楼层管理间，并且上下对应，这是因为设备间一般使用光缆与楼层管理间设备连接，距离短、拐弯少，能方便光缆施工和降低布线成本。

2. 面积合理

设备间的面积不仅关乎当前设备的布局和散热，更影响未来可能的扩展和升级。

基于设备的数量和类型，精确计算所需的面积是基本出发点。设计时，应确保每台设备周围都有足够的空间进行维护和散热。根据经验，设备间的使用面积不应小于 10 m^2，这是为了确保有充分的空间用于设备布置、维护操作以及空气流通。

随着设备数量的增加，对面积的需求也会相应增大。具体来说，每增加一个机柜，建议增加 5 m^2。此外，合理的面积规划还要考虑到人员操作的便利性和安全性。设备间不仅是机器的存放地，也是工程师进行日常维护、故障排查的重要场所。因此，设计中必须考虑到操作人员的活动空间，确保他们可以安全、便捷地进行各项操作。

3. 机柜安装

根据预计的设备数量和需求进行容量规划，选择合适的机柜，确保机柜有足够的空间来容纳所有设备。

①考虑到线缆的管理和维护，全部线缆都应该有预留，长度在 1 ～ 1.5 m。然而，对于固定机柜而言，线缆一般不预留在机柜内，而是尽量预留在可以隐蔽的地方，以保持机柜内部的整洁和美观。

②机柜内的走线坚持横平竖直的原则，这不仅有助于减少线缆的混乱，还能提高空气流通性，利于设备的散热。在选择机柜时，设备间机柜通常选用 19 in 国际标准机柜，这种机柜的尺寸和设计符合多数设备的通用标准，便于设备的安装和兼容。

③为确保机柜的稳定性和可靠性，安装时应保证机柜竖直、柜面水平。垂直偏差不应大于千分之一，水平偏差不应大于 3 mm，机柜之间的缝隙不应大于 1 mm。这些精确的安装标准有助于机柜的稳定性，减少因安装不当导致的设备故障。

④为方便维修人员的操作，机柜前面的净空间不应少于 800 mm，后面的净空不应少于 600 mm。这样的空间规划不仅便于日常的维护工作，还能确保在紧急情况下能够迅速进行处理。

4. 环境要求

（1）空间要求

设备间的高度一般为 2.5 ～ 3.2 m，这是考虑空气流通、设备散热以及人员操作的便利性。设备间门的设计也有其特定原则，通常使用双开门，高度至少 2.1 m，宽度 1.5 m，这样的尺寸不仅便于设备的进出，还方便人员的紧急疏散。

（2）承重要求

楼板承重分为两个级别：A 级不低于 500 kg/ m^2，适用于部署重型设备的区域；B 级不低于 300 kg/ m^2，适用于部署轻型设备的区域或办公区域。此外，设备间的地面宜采用防静电地板，以降低静电对设备的损害风险。

（3）电力供应

设备间需要稳定的电力供应，包括备用电源和UPS（不间断电源）等，以确保设备的连续运行。适当的冷却和散热设备，如空调、风扇和散热器等，也是保证设备处于正常工作温度所必不可少的。

（4）控制湿度和防尘

使用空气过滤器和除湿设备，可以有效防止灰尘和湿气对设备的损坏。

（5）防雷措施

重要的设备间还需要做好三级防雷措施，以应对雷电可能带来的损害。安装环境监测设备，如温湿度传感器、水浸传感器等，可以及时监测设备间的环境状况，预防潜在的故障和灾害。

（6）其他要求

保证照明度达标有助于人员的操作和维护；噪声应小于70 dB，以营造一个较为安静的工作环境；电磁场干扰强度不大于800 A/m，以减少对设备的干扰。

设备间设计必须符合国家消防规范要求，确保在紧急情况下能有效保障人员和设备安全。

5. 维护和管理

建立设备清单和文档是维护工作的基础。这些文档应详细记录设备的类型、型号、位置以及它们之间的连接关系。这样不仅方便日常的维护和管理，还能在故障排查时迅速定位问题，缩短修复时间。

定期的设备维护和保养也至关重要，包括清洁设备、检查电缆连接、更换损坏的部件等。通过预防性维护，可以发现并解决潜在的问题，从而延长设备的使用寿命，减少突发性故障。

使用合适的电缆托盘、槽道和理线架等设备，对电缆进行管理和布置，不仅有助于保持设备间的整洁，还能避免电缆乱放和交叉引起的安全问题。通过图2-2-17所示的标签，维护人员可以快速识别每条电缆的用途和目的地，大大减少了错误连接或发生混乱的风险。

图2-2-17　机柜线缆标签

建筑群子系统主要是室外布线，建立在公用道路或小区内，所以其通信线路的建设原则、工艺要求、技术指标以及与其他管理线之间的综合协调等，应与城市中市区街坊的通信线路要求相同，必须遵循本地通信线路的有关标准和规定。

1. 考虑环境美化要求

在设计建筑群子系统时，应充分考虑到建筑群覆盖区域的整体环境美化要求。建筑群干线线缆应尽量采用地下管道或电缆沟敷设方式，以保持地面的整洁和美观。如果因客观原因不得不采用架空布线方式，也应尽量利用原有的已架空布设的电话线或有线电视电缆路由，以减少新的架空线路对环境的影响。

2. 考虑建筑群未来发展需要

设计时应充分考虑各建筑未来可能安装的信息点种类和数量，选择合适的干线线缆和敷设方式。这样，综合布线系统建成后能够保持相对稳定，并能满足未来一定时期内新的信息业务发展需求。例如，布线路由应尽量选择距离短、平直的路径，以方便施工并节省费用；同时，尽量选择在永久性道路上铺设，避免因其他工程改建而导致的重复建设。

3. 线缆的选择

建筑群子系统通常选择单模或多模室外光缆，其芯数不少于 12 芯，并建议使用松套型、中央束管式结构。当光缆与电信公用网连接时，应采用单模光缆，并根据综合通信业务的需求确定芯数。

4. 线缆路由的选择

为了节省费用，线缆路由应尽量选择距离较短且线路平直的路径。但是，具体的路由还需根据建筑物间的地形或敷设条件来确定。在选择路由时，应考虑已有的地下管道布局，确保线缆与电力线缆分开敷设并保持一定间距。建筑群子系统的缆线布线方式有以下 4 种。

（1）架空布线法

架空布线法适合于有现成电杆且对电缆的走线方式无特殊要求的场合。这种布线方式的优点是造价较低、施工方便；缺点是影响环境美观，安全性和灵活性不足，没有任何保护。

（2）直埋布线法

直埋布线法是将缆线直接埋在地面上挖出的沟内。这种布线方式的优点是具有较好的经济性和安全性，不影响环境；缺点是更换和维护电缆不方便且成本高，另外挖沟不但增加人力成本，路由选择也受土质、公共设施、天然障碍物等多种因素的影响。

（3）地下管道布线法

地下管道布线法是使用管道和入孔组成的地下系统进行建筑物互连。埋管深度一般在0.8～1.2 m。这种布线方式的优点是电缆被保护起来，不容易受损，且不影响美观；缺点是成本高。

（4）隧道内布线法

隧道内布线法是利用建筑物间的供水、供暖、供气等地下通道铺设线缆。这种布线方式的优点是成本低，可以利用原有的安全设施，且不影响美观；缺点是需要考虑管道内出现的泄漏对线缆的腐蚀。

5. 线缆引入要求

当建筑群主干电缆和光缆、公用网和专用网的电缆和光缆等室外线缆进入建筑物时，应在进线间换成室内电缆、光缆。在室外线缆的终端处需设置入口设施，其中的配线设备应按引入的电缆和光缆的容量配置。引入设备应安装必要的保护装置，以满足防雷击和接地的要求。干线线缆引入建筑物时，建议优先采用地下引入方式；若采用架空方式，应尽量以隐蔽方式引入。

6. 干线交接要求

建筑群主干电缆、光缆布线的交接不应多于两次，即从每幢建筑物的楼层配线架到建筑群设备间的配线架之间只应有一个建筑物配线架。

⊜开拓视界

综合布线各个子系统的设计原则体现了系统性和整体性思维。我们应用全面、发展的眼光看待问题，既要关注局部，也要把握整体，实现系统的最优化。同时，设计原则中的灵活性和扩展性原则强调了对未来变化的预期和适应，这启发我们要具备前瞻意识，积极应对未来挑战，不断推动社会的进步和发展。

任务检测：

一、选择题

1. 工作区子系统所指的范围是（　　）。

A. 信息插座到楼层配线架　　　　　B. 信息插座到主配线架

C. 信息插座到用户终端　　　　　　D. 信息插座到计算机

2. 配线子系统也称为水平子系统，其设计范围是指（　　）。

A. 信息插座到楼层配线架　　　　　B. 信息插座到主配线架

C. 信息插座到用户终端　　　　　　D. 信息插座到服务器

3. 配线电缆的长度不可超过（　　）。

A. 80 m　　　　　B. 100 m　　　　　C. 85 m　　　　　D. 90 m

二、简答题

1. 请阐述综合布线系统图和施工路由图的定义。

2. 建筑群子系统有哪些布线方法？应如何选用？

3. 某综合布线工程共有 500 个信息点，布点比较均匀，距离 FD 最近的信息插座的布线长度为 12 m，距离最远的信息插座的布线长度为 80 m，该综合布线工程水平干线子系统使用六类双绞线电缆，则需要购买双绞线多少箱（305 m/箱）？

实训任务　设计与绘制系统图

绘制综合布线系统图是信息通信工程师必备的技能之一。它不仅能帮助我们形象地呈现网络结构，还是我们进行系统设计、故障分析和项目管理的重要工具。本实训要求大家掌握综合布线系统的设计与绘制。

微课

综合布线系统图的设计

▶ 实训要求

①熟悉并理解综合布线系统中常用的标准符号和缩写，包括不同类型的电缆、连接器、配线架等的表示方法；

②绘制的系统图必须清晰、准确，所有元素应根据实际设计规范和比例进行绘制，确保图纸的易读性和专业性；

③系统图应合理布局，区分不同的子系统，明确标注各部分的功能和作用，以便理解和维护。

④图中的所有组件和线路都应标注清楚，包括型号、规格、连接方式等，确保图纸信息的完整性。

▶ 注意事项

①在实训室注意用电安全，不要乱动电源，不带饮料及零食进入实训室；

②不要在实训室追打嬉闹，防止摔倒，注意人身安全及设备安全；

③在绘制过程中，应定期保存工作进度，防止数据丢失；

④在实训过程中，学生应保持严谨的学习态度，认真对待每一个绘图细节，确保图纸质量。

▶ 实训内容

①符号与标准学习：掌握综合布线系统中常用的标准符号、缩写和制图规范。通过案例展示如何正确使用这些符号来表示不同的电缆类型、连接器、配线架等。

②需求分析与方案设计：根据实际场景需求，完成综合布线系统的需求分析，并据此设计出初步的布线方案。

③系统图绘制实践：在理解了标准符号并完成需求分析的基础上，应用专业绘图软件（如

AutoCAD），按照制图规范和设计规范，完成系统图的绘制。

④图纸审核与修改：学生需提交绘制的系统图，接受教师或同组同学的审核。根据反馈，再次对图纸进行必要的修改和完善，确保图纸的质量和准确性。

⑤项目汇报与展示：学生将设计成果进行汇报和展示，包括设计的系统图、设计思路、遇到的问题及解决方案等。

参考图如下所示。

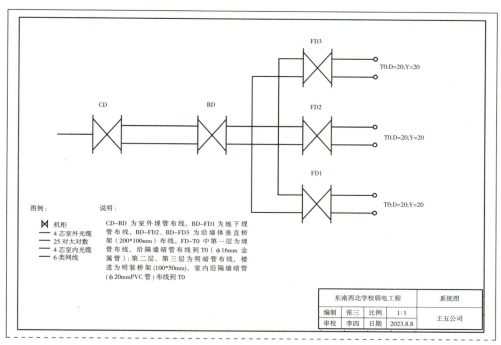

系统图

系统图设计与绘制实训　学生互评表

序号	观察点	观察结果（完成则打√）	评判结果
1	能正确认识并打开教师规定的绘图软件		
2	能正确绘制图纸大小（A3/A4 的横版／竖版）		
3	能正确绘制表头（大小、格式、内容）		
4	能正确绘制图例		
5	能正确编写说明		
6	能设计合理的系统图并绘制出来		

项目三　综合布线工程概预算与招投标

项目背景

在综合布线工程项目中，合理的概预算和规范的招投标流程对于项目的成功实施和成本控制至关重要。然而，在实际操作中，由于对市场行情了解不足、预算编制不合理以及招投标过程不规范等问题，导致项目成本超支、工程质量难以保证等问题时有发生。所以了解综合布线工程概预算与招投标是非常必要的。

项目任务

综合布线的设计与规划完成后，新的任务是为商业中心弱电工程进行概预算并招标。需要严格按照招标要求和程序进行，确保招投标活动的公平、公正和高效。

学习目标

➤ 知识目标

（1）了解综合布线工程概预算的编制依据和方法；

（2）理解招投标的法律法规和流程；

（3）掌握综合布线工程成本构成和控制要点。

➤ 技能目标

（1）能准确编制综合布线工程的概预算文件；

（2）能制作规范的招投标文件；

（3）能参与招投标的全过程并进行有效应对。

➤ 素质目标

（1）培养严谨务实的工作态度，做好成本控制；

（2）遵守法律法规，确保招投标活动的公正性；

（3）增强竞争意识，提高应对招投标挑战的能力。

任务一　综合布线工程概预算

综合布线工程概预算在整个项目中具有重要意义，它直接关系到项目的成本控制、资源规划和最终效益。准确合理的概预算能为项目的顺利实施提供有力保障。本任务将介绍综合布线工程概预算的基本概念、作用、编制原则和方法等，帮助你更好地理解和掌握这一重要内容。

活动一　了解概算

工程概算，也称设计概算，是在初步设计或扩大初步设计阶段由设计单位完成的。它是基于初步设计或扩大设计图纸、概算定额、指标、工程量计算规则、材料和设备的预算单价以及建设主管部门颁发的有关费用定额或取费标准等资料，预先计算工程从筹建到竣工验收交付使用全过程的建设费用的经济文件。简而言之，设计概算即计算建设项目的总费用。在编制概算时，必须注意不能漏项、缺项或重复计算，并且所采用的标准要符合定额或规范。

1. 概算的分类

概算主要分为可行性研究投资估算和初步设计概算两种类型。

随着工程建设各直接或间接投资主体和工程建设单位经济意识的增强，设计概算在工程建设领域的作用越来越大，受到的重视程度也越来越高。为确保投资不超总额，各级部门对设计概算给予了较多的关注。

设计概算作为编制建设项目投资计划、确定和控制建设项目投资的依据，一般不得任意调整和修改，必须维护其严肃性。因此，准确编制设计概算是十分重要的。同时，作为设计文件的重要组成部分，设计概算在一定程度上影响着投资资金的分配和设计的经济合理性。只有科学看待概算的准确性，不断提高概算编制质量，才能真正发挥设计概算的作用。

2. 概算的组成

综合布线工程费用的概算主要包括以下几个方面：

• 主要工程费用概算：包括土建概算、电气概算、设备概算、管道概算、安装概算等。这些概算涵盖了综合布线工程中各个主要部分的成本估算，确保了工程的各个方面都能得到充分的考虑和合理的资金分配。

• 其他建设费用概算：除主要工程费用外，还有其他一些必要的费用需要计算，如职工培训费、建设单位管理费、勘察设计费、办公和生活用具购置费等。这些费用虽然不直接关联到具体的工程实施上，但它们对于整个项目的顺利进行也是不可或缺的。

• 预备费概算：在项目建设过程中，还需要考虑一些不可预见的费用，即预备费。这包括投资方向的调节税、建设贷款利息等。预备费的设置是为了应对可能出现的意外情况或额外开支，确保项目不会因为资金不足而受到影响。

概预算不仅涉及工程项目本身的各个方面，还需要考虑项目管理、人员培训等一系列与项目实施相关的因素。

活动二 了解预算

预算，也称施工图预算，是在施工图设计阶段进行的。在这一阶段，设计单位或施工单位需要根据拟建工程项目的施工图纸，结合施工组织设计或施工方案，以及工程所在地区住建委颁发的有关工程预算定额、取费标准等基础资料来计算该项工程的预算价格。

概算与预算的区别

概算和预算虽然都是对工程项目成本的预估，但它们之间存在着明显的区别。

①所起的作用不同：概算编制在初步设计阶段，是对项目投资的初步估算，作为向国家和地区报批投资的文件，一旦经过审批，它即被用来编制固定资产投资计划，成为控制建设项目投资的依据。而预算则编制在施工图设计阶段，是更为详细和准确的费用计算，是工程价款的标底。

②编制依据不同：概算是依据初步设计文件和概算定额进行编制的，是建设项目招标和总发包的依据。预算是依据综合预算定额进行编制的，既是确定工程造价的依据，也是招标、签订施工合同和竣工结算的依据，还是银行拨付工程价款的依据。

③编制内容不同：概算应包括工程建设的全部内容，如总概算要考虑从筹建开始到竣工验收交付使用前所需的一切费用。预算一般不编制总预算，只编制单位工程预算和综合预算书，不包括准备阶段的费用（如勘察、征地、生产职工培训费用等）。

开拓视界

概算是指编制预算前进行的粗略统计得出的不精确数据，通俗地说就是估算。预算是指精细化预估，涉及具体细节，比概算更细致，同时还会考虑支出和收入情况，做一个全面的统筹安排。因此，通过学习综合布线的概预算，我们不仅可以培养精益求精的精神，还能够确保项目的顺利进行和控制成本。

活动三 理解计算综合布线工程量的原则

在综合布线项目中，工程量的计算是一项至关重要的任务，它不仅关系到预算的准确性，还直接影响项目的成本控制和顺利进行。为了确保工程量计算的准确性和高效性，我们需要遵循一系列基本原则和步骤。

1. 工程量计算的要求

工程量计算既是确定安装工程直接费用的主要内容，也是编制单位、单项工程造价的重要依据。它的准确与否将直接关系到预算的准确性。在运用概预算的编制方法时，我们应以设计图纸为依据，并对设计图纸中的工程量按一定的规范标准进行汇总，这就是工程量计算的基本过程。作为编制施工图预算中的一项复杂且重要的步骤，工程量计算的具体要求如下：

①按规则进行计算：工程量的计算应严格按照规则进行，包括工程量项目的划分、计量单位的取定以及有关系数的调整换算等。这是确保计算准确性的基础。

②依据设计图纸计算：无论是初步设计阶段还是施工图设计阶段，工程量的计算都应严格依据设计图纸进行。这是确保计算结果与实际项目需求相符的关键。

③找出主要矛盾并解决：要求从事概预算的人员应在总结经验的基础上，找出计算工程量中影响预算及时性和准确性的主要矛盾，分析各个分项工程量之间的共性和个性关系，然后运用合理的方法加以解决。这样可以提高计算效率，确保预算的准确性。

2. 工程量计算应注意的问题

①熟悉图纸：要及时准确地计算出工程量，首先要熟悉图纸，看懂有关文字说明，并掌握施工现场有关问题。这是进行准确计算的前提。

②正确划分项目和选用计量单位：所划分的项目和项目排列的顺序以及选用的计量单位应与定额的规定完全一致。这有助于避免因单位或项目划分不当而导致的计算错误。

③符合图纸尺寸要求：计算中采用的尺寸要符合图纸中的尺寸要求，以确保计算结果的准确性。

④以净值为准：工程量应以安装就位的净值为准，用料数量不能作为工程量。这样可以更准确地反映项目的实际需求。

⑤单独规定计算规则：对于小型建筑物和构筑物，可以另行单独规定计算规则或估列工程量和费用。这有助于简化计算过程，提高计算效率。

3. 工程量计算的顺序

在计算工程量时，可以采用以下几种顺序。

①顺时针计算法：即从施工图纸右上角开始，按顺时针方向逐步计算。这种方法较为简单，适合结构简单的小型项目，在工程中，一般不常采用。

②横竖计算法（或称坐标法）：即以图纸的轴线或坐标为工具，分别从左到右或从上到下逐步计算。这种方法有助于确保计算的全面性和准确性。

③编号计算法：即按图纸上注明的编号分类进行计算，然后汇总同类工程量。这种方法有助于提高计算效率，减少重复工作。

在综合布线工程的概预算过程中，每一步都至关重要，从收集资料、熟悉图纸到计算各项费用，再到最后的审核和装订，每一步都需要精确操作，以确保整个项目的成本控制和顺利进行。下面详细介绍这些步骤，帮助你更好地理解和掌握综合布线工程概预算的全过程。

1. 概预算的编制程序

（1）收集资料

在开始计算工程量之前，首先需要收集所有相关的资料，并熟悉施工图纸。这一步是整个概预算过程的基础，只有充分了解项目的具体内容和要求，才能确保后续计算的准确性。

（2）计算工程量

根据熟悉后的图纸，计算各个部分的工程量。这一步骤是概预算中非常重要的一环，因为它直接关系到后续费用计算的准确性。

（3）套用定额

在计算出工程量后，接下来需要套用相应的定额，并选择合适的价格。这一步需要参考相关的费用定额标准，以确保计算的各项费用符合规定。

（4）计算各项费用

根据费用定额的有关规定，计算各项费用并填入相应的表格中。这些费用包括但不限于材料费、人工费、机械费等，都需要逐一核算并准确记录。

（5）复核

为了确保计算的准确性，必须对所有计算结果进行复核。这一步骤可以有效避免因计算错误而导致的预算偏差。

（6）拟写编制说明

在完成所有计算工作后，需要拟写编制说明，详细解释概预算的编制过程和方法，便于后续的审核和理解。

（7）审核并装订

最后一步是进行审核和装订，填写封皮，并将所有文件装订成册。这一步骤是对整个概预算工作的总结和归档，确保所有内容都完整且易于查阅。详细概、预算表的样式见表 3-1-1 和表3-1-2。

表 3-1-1　综合布线工程概算表

序号	项目	数量	单位	单价	合计
1	材料 1				
2	材料 2				
3	设备 1				
4	设备 2				

续表

序号	项目	数量	单位	单价	合计
5	电缆敷设人工费				
6	设备安装人工费				
7	管理费及杂费				
8	风险费				
9	利润				
总计					

表 3-1-2　综合布线工程预算表

建设项目名称：	××××××工程		
建设单位名称：	××××××公司		编号：
网络布线工程费（单位：万元）			
序号	详细项目	计算方法	金额
A	材料及设备费	所有材料和设备	
B	施工费	$A \times 15\%$	
C	设计费	$(A+B) \times 5\%$	
D	测试费	$(A+B) \times 5\%$	
E	督导费	$(A+B) \times 3\%$	
F	增值税	$(A+B+C+D+E) \times 3.3\%$	
总计			

2. 引进设备安装工程概预算编制

①引进设备安装工程概预算的编制是指引进设备的费用、安装工程费用及相关的税金和费用的计算。

②引进设备安装工程应由国内设备单位作为总体设计单位，并编制工程总概预算。这样可以确保整个项目的预算得到全面控制。

③引进设备安装工程概预算编制的依据为经国家或有关部门批准的订货合同、细目及价格，国外有关技术经济资料及相关文件，国家及原邮电行业通信工程概预算编制办法、定额和有关规定。这些依据确保了预算的合法性和准确性。

④引进设备安装工程概预算应用两种货币形式表现，外币表现可用美元，方便国际交易和结算。

⑤引进设备安装工程概预算除包括本办法和费用定额规定的费用外，还包括关税、增值税、工商统一费、进口调节税、海关监理费、外贸手续费、银行财务费和国家规定应记取的其他费用，

其记取标准和办法按国家和相关部门有关规定执行，确保所有相关费用都被纳入预算中。

3. 概预算的审批

（1）设计概算的审批

设计概算由建设单位主管部门审批，必要时可由委托部门审批；设计概算必须经过批准方可作为控制建设项目投资依据，以及日后修正的基准。设计概算不得超出批准的可行性研究报告投资额，确需超出时，由建设单位报原可行性研究报告批准部门审批。

（2）施工图预算的审批

施工图预算应由建设单位审批；施工图预算需要由设计单位修改时，由建设单位报主管部门审批，并确保预算的合理性和可执行性。

4. 综合布线工程概预算编制软件

过去，综合布线工程概预算主要依靠手工编制，该方法不仅效率低下，而且容易出错。随着计算机的普及和应用，近年来相关技术单位开发出了综合布线工程概预算编制软件。这些软件既有单用户版又有网络版，在综合布线行业的建设单位、设计单位、施工企业和监理企业中被广泛使用，用于综合布线工程专业的概预算、结算的编制和审核，软件同时还具有审计功能。通过使用这些软件，可以大大提高概预算工作的效率和准确性，并为项目的顺利进行提供有力支持。

任务检测：

一、填空题

1. 在网络综合布线中，工程量计算的顺序是 _____、_____ 和 _____。

2. _____ 由建设单位主管部门审批，_____ 应由建设单位审批。

二、判断题

1. 工程概预算是对工程造价进行控制的主要依据，包括设计概算和施工图预算。（　　）

2. 综合布线工程概预算现在仍是手工编制。（　　）

3. 运用概预算的编制方法，以设计图纸为依据，并对设计图纸的工程量按一定的规范标准进行汇总，就是工程量计算。（　　）

三、简答题

简述工程量计算应注意的问题。

任务二　综合布线工程项目的招标

在综合布线工程项目中，依照我国采购法的规定，通常需采用政府集中招标采购方式。这一方式有助于选出最优方案和优质供应商，以保障项目的质量和效益。招标环节对项目的成功与否至关重要。本任务将介绍综合布线工程项目招标的流程、要求、注意事项等，助你熟悉并顺利参与招标过程。

活动一　学习工程项目招标的基础知识

工程项目招标是指业主对自愿参加工程项目投标的投标人及其所提供的投标书进行审查、评议，最终确定中标单位的过程。在这一过程中，业主需要明确项目的建设地点、规模容量、质量要求和工程进度等关键信息。

1. 工程项目招标的概念

（1）招标方式

根据项目的具体情况，业主可以选择向社会公开招标或邀请招标等方式。公开招标是指业主通过发布招标公告，邀请所有符合条件的投标人参与投标；而邀请招标则是业主直接邀请部分具备条件的投标人参与投标。无论哪种方式，都需要确保招标过程的公开、公平、公正。

（2）投标人的资格评审

在招标过程中，业主将对投标人的资质、业绩、技术方案、工程报价、技术水平、人员组成及素质、施工能力和措施、工程经验、企业财务及信誉等方面进行综合评价和全面分析。这一过程旨在筛选出具备项目实施能力的投标人，为后续确定中标单位打下基础。

2. 综合布线工程招标的特点

综合布线工程招标通常是指需要投资建设综合布线系统的单位（一般称为招标人），通过招标公告或投标邀请书等形式邀请有承担招标项目能力的系统集成施工单位（一般称为投标人）投标。这一过程具有以下特点：

（1）专业性

综合布线系统工程涉及多个领域的知识和技术，因此招标人需要具备相应的专业能力。同时，投标人也需要具备丰富的系统集成施工经验和技术实力，以确保项目的顺利实施。

（2）经济性

综合布线工程招标是一种经济行为，招标人通过招标方式选择对自身最有利的投标人进行工程总承包。这种方式有助于降低项目成本，提高项目投资效益。

（3）法律性

综合布线工程招标应遵循相关法律法规的规定，保护国家利益、社会公共利益和招标活动当事人的合法权益。任何单位和个人不得以任何方式非法干涉招标工作。

3. 综合布线工程招标的工作原则

在进行综合布线工程招标时，需要遵循以下工作原则：

（1）公开、公平、公正、诚实信用的原则

招标工作应确保信息的公开透明，避免暗箱操作和权钱交易。同时，评委会应公正地对待每一个投标人，确保投标过程的公平性。

（2）保护各方合法权益的原则

在招标过程中，应尊重和保护招标人、投标人及其他相关方的合法权益，避免因招标工作出现问题而损害这些权益。

（3）依法进行的原则

招标工作必须严格遵守国家有关法律法规的规定，不得违反法律红线。任何单位和个人都不得非法干涉招标工作，确保招标过程的合法性和有效性。

活动二 了解工程项目招标的方式

在综合布线系统工程的建设过程中，招标是一个至关重要的环节。它不仅关系到项目的顺利实施，还直接影响到工程的质量和成本。为了确保招标过程的公平、公正和高效，综合布线系统工程项目招标主要采用以下 5 种方式：公开招标、邀请招标、竞争性谈判、询价采购和单一来源采购。

1. 公开招标

公开招标，也称无限竞争性招标，是指招标人或招标代理机构通过发布招标公告的方式，邀请不特定的法人或其他组织投标。根据政府采购法的规定，对于工程造价较高的工程项目，必须采取公开招标的方式。这有助于确保项目的透明度和公正性，防止腐败现象的发生。这种招标方式具有以下特点：

①公平公正：公开招标为所有符合条件的系统集成商提供了一个平等竞争的平台，避免了任何形式的偏见和歧视。

②竞争激烈：由于参与投标的单位较多，竞争将更加激烈，有助于推动投标人提供更优质的服务和更低的价格。

③造价控制：公开招标有助于招标人全面了解市场行情，从而有效控制工程的造价和施工质量。同时，众多投标单位的参与也增加了资格预审和评标的工作量。

2. 邀请招标

邀请招标，也称选择性招标，属于有限竞争性招标，是招标单位向其认为具有承建能力且资信良好的承建单位直接发出投标邀请的形式。具体来说，邀请招标具有以下特点：

①选择性邀请：邀请招标是由采购人根据供应商或承包商的资信和业绩，选择一定数目的法人或其他组织（不少于三家），向其发出招标邀请书，邀请他们参加投标竞争。这种选择性邀请有助于确保参与投标的单位具备相应的实力和信誉。

②降低工作量：与公开招标相比，邀请招标显著降低了工程评标的工作量。这是因为参与投标的单位数量较少，评标委员会可以更加集中精力对每个投标进行详细评审。

③存在局限性：邀请招标存在一定的局限性，因为它可能无法充分了解市场上的所有潜在投标人。然而，在综合布线工程中，有时采用邀请招标的方式可以更加精准地选择合作伙伴。

3. 竞争性谈判

竞争性谈判是指招标人或招标代理机构通过投标邀请书的方式，邀请三家以上特定的法人或其他组织直接进行合同谈判，并最终确定最优中标人的一种招标方式。这种方式具有以下特点：

①充分谈判：竞争性谈判允许招标人与投标人进行充分的合同谈判，以便就合同条款、技术要求、价格等方面达成一致意见。

②灵活性高：竞争性谈判具有较高的灵活性，可以根据项目的实际情况和投标人的特点进行调整。这有助于确保最终选定的中标人能够最大限度地满足项目需求。

③原则性强：竞争性谈判除公开招标外最能体现采购的竞争性原则、经济效益原则和公平性原则。它要求招标人在谈判过程中保持客观公正的态度，确保所有投标人享有平等的机会。

4. 询价采购

询价采购，也称货比三家，是指招标人或招标代理机构通过询价通知书的方式，邀请三家以上特定的法人或其他组织进行报价，并通过比较报价来确定中标人的一种采购方式。询价采购适用于那些规格、标准统一，现货货源充足且价格变化幅度小的政府采购项目。这种方式具有以下特点：

①流程简单：询价采购的流程相对简单，操作起来较为方便。招标人只需向特定投标人发出询价通知书，在获取他们的报价后进行比较即可。

②时间短：由于只涉及报价比较，询价采购的时间相对较短。这对于一些急需完成的采购项目来说具有显著优势。

③适用局限：询价采购适用于规格、标准统一且价格变化幅度小的项目。对于其他类型的项目，可能需要采用其他更合适的招标方式。

5. 单一来源采购

单一来源采购，也称无竞争谈判采购方式，是指招标人或招标代理机构通过单一来源采购邀请函的方式，邀请生产、销售垄断性产品的法人或其他组织直接进行价格谈判。这种方式通常在以下情况下采用：

①所购产品的来源渠道单一，如专利产品、独家代理产品等；

②属于专利、秘密咨询、原形态或首次制造、合同追加、后续扩充等特殊情况；

③发生不可预见的紧急情况，如自然灾害、政治危机等，导致只有某个特定供应商能够提供所需产品或服务。

需要注意的是，单一来源采购存在一定的风险。由于缺乏竞争，可能导致价格偏高或服务质量下降。因此，除非特殊情况下的必要选择，否则应尽量避免采用单一来源采购方式。

⊖ 开拓视界

工程项目招标的目的是在建设市场中引入竞争机制，这是国际上采用的较为完善的工程项目承包方式。其好处在于节约成本同时减少腐败现象。通过学习综合布线工程招标内容可以培养学生的社会责任感，并提升其职业道德素养。

活动三 / 了解工程项目招标的程序

在综合布线工程项目中，公开招标是一种常见的采购方式。它不仅要求招标人按照规定的程序进行操作，还要求制订统一的招标文件。整个招标流程旨在确保招标的公开、公平和公正，同时也保证最终合同的合法性和有效性。

1. 准备阶段

（1）项目申请与审批

由建设单位向工程招标交易中心提出项目招标申请，并出具项目批准文件。这一步骤是招标工作的基础，只有经过正式审批的项目才能进入后续的招标流程。

（2）编制招标方案

由建设单位或招标代理机构组织编制招标方案，并报工程招标交易中心审查批准。招标方案应详细阐述项目的背景、目标、范围、预算等关键信息，为后续招标工作提供指导。

（3）成立项目招标小组

为了确保该项目招标的公开、公平、公正，应成立由技术部门、使用部门、设备采购部门和纪检监察部门等的代表组成的项目招标小组，对项目招标的关键环节实施监管。

（4）确定招标方式

根据项目的投资规模和建筑面积大小，决定是委托招标还是自行招标。不同的招标方式适用于不同类型和规模的项目，选择合适的招标方式有助于提高招标效率。

（5）发布招标公告

在指定的报刊、信息网络或其他媒体上发布招标公告。招标公告应包含项目概况、招标条件、报名方式等重要信息，以便吸引潜在投标人的关注。

（6）资格预审

根据投标人提交的资格预审材料对其资格进行审查，以确定投标人围资格。资格预审是确保投标人具备项目实施能力的重要环节，有助于筛选出符合要求的投标人。

2. 招标阶段

（1）编制并送达标书

投标人应在规定的时间内向招标人提交投标文件。投标文件应包括投标函、投标报价、技术方案等相关材料，全面展示投标人的实力和方案优势。

（2）开标

在招标人指定的时间和地点将所有投标书集中拆封，并宣布投标人名称、投标价格等事项。开标过程应公开透明，确保所有投标人的权益得到保障。

（3）评标与决标

由评标委员会对所有符合条件的投标文件进行评审，并根据评标标准和方法进行综合比较、评估，最终确定中标人。评标过程应严格遵循相关规定和标准，确保中标结果的公正性和合理性。

3. 中标与合同签订阶段

（1）公示中标结果

中标结果公示结束后，招标人向中标人发出中标通知书，并按照招标文件的规定向中标人支付工程预付款。中标结果公示有助于确保中标结果的公正性和合法性。

（2）签订合同

中标结果公示结束后，中标人应与招标人签订工程施工合同，并按照合同约定的方式履行合同义务。签订合同后，中标人可以组织设备采购、成立项目管理机构、组织施工队伍准备进场施工。这一阶段标志着项目的正式启动和实施。

活动四 编制招标文件

招标文件是整个招标工作的核心文件，它为投标单位提供了编制投标书的依据和评标的准绳。因此，在编制招标文件时必须做到系统、完整、准确、明了。以下是编制招标文件的一些关键要点。

1. 招标文件编制原则

工程招标文件是由建设单位编写的用于项目建设招标的文档。在编制时，应确保文件内容系统、完整、准确、明了，以便投标人能够充分理解项目需求和招标要求。同时，综合布线工程应作为一个单项分列，以便更有针对性地进行招标和评审。

2. 招标文件内容

招标文件应包括招标公告、投标邀请书、投标人须知、评标办法、合同条款及格式、工程量清单、图纸、技术标准及要求、投标文件格式等内容。这些内容应详细描述项目的背景、目标、范围、预算等信息，为投标人提供全面的指导和参考。

3. 招标文件编制注意事项

①明确文件编号、项目名称及性质：确保文件易于识别和查找。

②投标人资格要求：明确列出投标人应具备的条件和能力，以便筛选出符合要求的投标人。

③发售文件时间：指定合理的文件发售时间，确保潜在投标人有足够的时间获取和研究招标文件。

④提交投标文件的方式、地点和截止时间：明确投标文件提交的方式（能否邮寄或电传）、地点和截止时间，以便投标人按时提交投标文件。

任务检测：

一、选择题

1. 常用的招标方式有（　　）。

A. 电视招标和邀请招标
B. 公开招标和邀请招标
C. 网络直播和广告招标
D. 电视招标和协议招标

2. 工程项目施工邀请招标时，按规定被邀请的投标者应当是（　　）。

A. 2 个
B. 1 个
C. 3 个及以上
D. 任意

二、简答题

1. 网络综合布线招标方式有哪几种？

2. 简述综合布线工程招标的程序。

任务三　综合布线工程项目的投标

投标对于企业获取综合布线工程项目至关重要，影响着企业的发展和市场地位。投标过程充满挑战，需要充分准备和精准施策。本任务将介绍综合布线工程项目投标的流程、技巧、文件编制、风险应对等，帮助你提高投标成功率。

活动一　认识工程项目投标

1. 投标的概念

综合布线工程投标通常是指系统集成施工单位（一般称为投标人）在获得了招标人的工程建设项目招标信息后，通过分析招标文件，迅速而有针对性地编写投标文件，参与竞标的一种经济行为。这种行为具有明确的目的性和竞争性，旨在通过展示自身实力和方案优势来赢得招标人的青睐。

2. 投标行为

各投标人依据自身能力和管理水平，按照招标文件规定的统一要求递交投标文件，争取获得实施资格。在市场经济体制下，投标是承包人参与竞争、获得工程承揽资格的主要方式。通过投标，承包人可以展示自己的技术实力、管理经验和服务水平，从而获得项目建设的机会。

3. 投标人

投标人是响应招标、参加投标竞争的法人或其他组织。投标人应具备承担招标项目的能力；国家有关规定或招标文件对投标人资格条件有规定的，投标人应当具备规定的资格条件。这些资格条件可能包括企业的注册资本、资质等级、技术能力、管理水平等方面的内容。投标人需要根据招标文件的要求，认真准备相关材料，以证明自己具备承担项目的能力。

4. 联合体投标

联合体投标是指两个以上法人或其他组织组成一个联合体，以一个投标人的身份共同投标的行为。是否能以联合体形式投标要根据不同项目招标文件的具体要求确定。联合体投标可以整合各成员的资源和优势，提高整体竞争力，增加中标的机会。在组建联合体时，各成员应明确各自的权利和义务，确保合作顺利进行。

5. 投标的组织

工程项目投标的组织工作应由专门的机构和人员负责，其组成可以包括项目负责人以及管理、技术、施工等方面的专业人员。组织投标的人员对投标人应充分体现出技术、经验、实力和信誉等方面的组织管理水平。投标人应具备高效的沟通协作能力，确保投标文件的准确性和完整性。同时，投标人还应具备一定的市场分析和风险评估能力，以便在竞争激烈的市场环境中做出明智的决策。

活动二 了解工程项目投标流程

在竞争激烈的市场环境中，工程项目投标是企业获取业务机会、实现发展目标的重要途径。为了提高中标机会，投标人需要全面了解并熟练掌握工程项目投标流程。下面将详细介绍工程项目投标的主要步骤，帮助你更好地应对投标过程中的各种挑战。

1. 投标报名与招标文件购买

投标报名与招标文件购买是投标流程的起点。

首先，投标人应密切关注招标公告，了解招标项目的详细信息。招标公告通常包括项目名称、招标范围、报名时间、报名方式等关键信息。投标人应仔细阅读公告内容，确保对项目有充分的了解。

在明确项目要求后，投标人需按照招标文件的要求完成报名手续并购买招标文件。这一步需要仔细阅读招标文件，了解报名方式、所需资料及报名费用，并按时提交所有必要的文件和支付相关费用。招标文件是编制投标文件的重要依据，投标人应认真研读，确保对其中的各项要求了然于心。

2. 资格预审与保证金缴纳

报名成功后，投标人需要进行资格预审，以确保符合招标要求。资格预审是对投标人资质、能力、经验等方面的初步审查，旨在筛选出具备项目实施能力的投标人。投标人应按照招标文件的要求准备相关材料，如公司资质证书、业绩证明、财务报表等，并按要求提交给招标方。

同时，投标人需要缴纳报名费和保证金。保证金是投标人向招标方提供的一种经济担保，用于保证投标的有效性和体现投标人的诚信。保证金的形式可以是现金、银行转账、支票等，具体方式应根据招标文件的要求确定。缴纳保证金是投标流程中的重要环节，投标人应确保按时足额缴纳，以免影响投标资格。

3. 标书编制

标书编制是投标流程中的核心环节。投标人需要组建专业的团队，根据招标文件的要求编制标书。标书通常包括技术部分和商务部分。技术部分主要涉及施工方案、技术措施、人员配置等方面的内容，是评标委员会评估投标人技术能力的重要依据。商务部分则关注价格、付款方式、合同条款等方面的内容，是评估投标人经济效益的关键因素。

在编制过程中，投标人需要反复阅读招标文件，确保所有要求都得到满足。同时，还需要注意标书的排版、格式、文字表述等方面的细节问题，确保标书的专业性和美观性。此外，投标人还可以通过优化施工方案、提出创新点等方式提高标书的竞争力。

4. 标书审查与提交

完成标书编制后，投标人需要进行内部审查，确保所有内容都符合招标文件的要求。审查过程中应注意检查标书是否完整、准确、清晰，是否存在遗漏或错误等问题。审查通过后，按照招标文件规定的格式和要求正式提交标书。

在提交标书时，投标人需要特别注意文件的完整性和格式的正确性。标书应按照规定的顺序和格式进行装订和封装，并确保所有附件齐全。同时，投标人还应关注投标截止时间和地点，确保在规定时间内将标书送达指定地点。

5. 开标与评标

在规定的开标时间，招标方会公开开标，并邀请相关专家进行评标。开标过程中，投标人应密切关注开标情况，了解竞争对手的投标情况和评标委员会的关注点。评标过程中，评标委员会会综合考虑技术部分和商务部分的得分以及其他可能的加分项，如企业信誉、项目经验等。投标人可以通过优化标书内容、提高技术水平和报价优势等方式提高中标机会。

6. 中标与合同签订

经过评标后，招标方会选择中标的投标人，并发出中标通知书。中标人需要在规定的时间内与招标方签订合同，明确双方的权利和义务，确保项目的顺利进行。在签订合同时，中标人应认真审查合同条款，确保自身权益得到保障。同时，中标人还应做好项目启动的准备工作，如组建项目团队、制订施工计划等，为项目的顺利实施奠定基础。

活动三 分析招标文件

在参与综合布线工程项目的投标过程中，深入分析招标文件是决定投标成功与否的关键步骤。招标文件作为编制投标文件的主要依据，不仅详细阐述了项目的技术规范和商务要求，还包含了项目实施的具体条件和限制。因此，投标人必须对招标文件进行仔细研究，确保全面理解并准确响应招标要求。

1. 招标技术要求

技术要求是投标人核准工程量、制订施工方案、估算工程总造价的重要依据。技术要求通常包括建筑物设计图样、工程量、布线系统等级以及布线产品档次等内容。投标人需要对这些内容进行详尽的分析，确保对项目的技术标准和质量要求有清晰的认识。

①投标人应深入研究建筑物设计图样，了解项目的整体布局和结构特点。这有助于投标人在制订施工方案时充分考虑现场条件，确保方案的可行性和合理性。

②投标人应对工程量进行仔细核算，确保工程量的准确无误。工程量的准确与否直接关系到工程总造价的估算，进而影响投标报价的竞争力。

③投标人还应关注布线系统等级和布线产品档次的要求，选择符合项目要求且性价比较高的产品和解决方案。

2. 招标商务要求

商务要求主要包括投标人须知、合同条件、开标、评标和定标的原则及方式等内容。投标人需要详细了解这些商务要求，确保在投标过程中遵守相关规定，避免因违规操作而影响投标结果。

①仔细阅读投标人须知，了解投标文件的格式、递交方式和截止时间等要求。这有助于投标人确保投标文件的合规性和完整性。

②对合同条件进行认真分析，了解合同的条款和条件，确保在签订合同时能够充分维护自身权益。

③关注开标、评标和定标的原则及方式，了解招标人如何对投标文件进行评审和比较，以便在编制投标文件时充分展示自身优势。

活动四 编制投标文件

在竞争激烈的市场环境中，投标文件的编制是决定企业能否成功中标的关键环节。这不仅是一项时间紧迫、工作量庞大、要求严格的任务，更是充分展示企业实力、技术和报价优势的重要平台。因此，企业必须高度重视投标文件的编制工作，确保每一个环节都精准无误，尽量提升中标的可能性。

1. 投标文件的组成

投标文件的组成通常包括施工方案、施工计划、开标一览表、投标分项报价表、资质证明文件、技术规格偏离表、商务条款偏离表、项目负责人与主要技术人员介绍、机械设备配置情况以及投标人认为有必要提供的其他文件资料。这些内容相互关联，共同构成了一个完整的投标文件体系。

2. 投标文件的编制

（1）文件编制前的准备

在正式编制投标文件之前，需要进行现场考察、研究招标文件、确定工程量、编制计划等准备工作。这些工作有助于深入了解项目背景和要求，为后续的投标文件编制提供有力支持。

（2）商务部分

商务部分主要包括公司资质、公司情况、成功案例等一系列内容，同时也应包含招标文件要求提供的其他相关文件等。这部分内容能够全面展示企业的实力和信誉，是评标委员会评估企业能力的重要依据。

（3）技术部分

技术部分包括工程的描述、设计和施工方案等技术方案，工程量清单、人员配置、图纸、表格等和技术相关的资料。编制人员需要熟悉工程的技术要求，以确保投标文件的技术部分符合招标要求。同时，还需要了解本单位的竞争能力以及竞争对手的水平，以便制订有效的竞争策略。

（4）价格部分

价格部分包括投标报价说明、投标总价、主要材料价格表等。投标文件中的费用计算需要依据招标文件中的计费标准进行，确保费用的准确性和合理性。同时，要做好保密工作，防止投标文件内容泄露给竞争对手。

3. 投标文件的数量

投标人应该按照招标文件规定的数量准备投标文件的正本和副本，一般正本一份，其余为副本。

4. 投标文件的递交

投标人应当在招标文件要求提交投标文件的截止时间前，将投标文件送达投标地点。招标人收到投标文件后，应当签收保存，不得开启。

5. 投标文件的补充、修改或撤回

投标人在招标文件要求提交投标文件的截止时间前，可以补充、修改或者撤回已提交的投标文件，并书面通知招标人。这有助于确保投标文件的准确性和完整性。

6. 投标文件注意的问题

①投标文件的密封：根据相关规定，投标文件需要在开标时进行密封检查，确保文件的完整性和真实性。

②投标文件的电子化：在电子招投标平台上编制投标文件时，需要注意文件的格式和内容，确保文件能够被正确读取和评审。

③投标文件的报送要求：按照招标文件的要求，正确报送电子投标文件或纸质投标文件，确保文件的及时性和有效性。

④投标文件的格式：投标文件的灵魂，任何一个细节错误都可能使该投标成为废标，因此在编制过程中应仔细谨慎。

⑤投标授权书：投标文件中不可缺少的重要法律文件，一般由所在公司或单位的法人授权给参加投标的人，阐明该授权人将代表法人参与和全权处理该次投标活动。一般按招标文件规定的格式书写。

⑥投标保证金：为了保证投标人能够认真投标而设定的保证措施，也是投标文件中商务部分不可或缺的重要内容。招标文件中规定了保证金的具体金额，办理的方式主要有现金支票、

银行汇票、银行保函或招标人规定的其他形式等，办理时要严格按照招标文件要求处理，避免导致废标。

开拓视界 ....

投标体现了公平竞争、降低风险、提高效率、保障消费权益等原则，也提醒我们要守法守规。

任务检测：

简答题

1. 综合布线工程项目的投标程序有哪些环节？
2. 编制投标文件的过程中应注意哪些问题？

任务四　工程项目合同的签订

在综合布线工程项目中，合同的签订是具有法律约束力的关键环节，它明确了双方的权利和义务，保障了项目的顺利推进和各方的利益。合同内容的恰当与否，直接影响着项目的执行效果和潜在风险。本任务将介绍工程项目合同签订的要点、条款内容、注意事项等，助你规范且有效地完成合同签订。

活动一　开标

在工程项目的招投标过程中，开标是至关重要的一环。它标志着投标人的努力即将得到回报，同时也是招标人选择优质合作伙伴的开始。开标是指在投标人提交投标文件后，招标人依据招标文件规定的时间和地点，开启投标人提交的投标文件，公开宣布投标人的名称、投标价格及其他主要内容的过程。这一过程旨在确保招投标的公平、公正和透明。

开标的流程和步骤

（1）时间与地点

开标的时间通常在招标文件中明确指定，以确保所有投标人都能提前做好准备。地点同样在招标文件中约定，以便投标人能够准时到达。这种安排体现了招投标过程的规范性和严谨性。

（2）参会人员签到

开标会议的参与人员包括招标人、投标人、公证处代表、监督单位及纪检部门的相关人员。这些参与者的共同见证，确保了开标过程的公正性。签到程序则有助于记录参会人员的信息，为后续的开标过程提供证据支持。

（3）投标文件密封性检查

在开标时，投标文件的密封性检查是至关重要的一环。这一步骤通常由投标人或其指定的代表来完成。他们需要仔细检查投标文件的密封情况，确保文件在提交后未被篡改或泄露。在某些情况下，招标人也可以委托公证机构进行检查并公证，以进一步增强开标过程的公信力。

（4）主持唱标

唱标是开标过程中的核心环节。在这一阶段，主持人将按照招标文件的要求，依次开启投标文件，并公开宣布投标人的名称、投标价格及其他主要内容。这一过程需要主持人具备专业知识和严谨态度，以确保信息的准确性和完整性。

（5）记录存档

为了确保开标过程的透明度和可追溯性，整个开标过程都需要进行详细记录。这些记录包括但不限于参会人员的签到情况、投标文件的密封性检查结果、唱标内容等。记录完成后，这些资料将被存档备查，以便在未来处理纠纷或质疑时作为证据使用。

活动二 签订合同

在综合布线工程项目正式启动前，合同的签订是确保项目顺利进行的关键步骤。这一过程需要招标人与中标人之间密切合作，双方要做好充分的准备工作，熟悉合同签订的相关知识和流程，并能够在谈判中妥善处理各种事宜，以保护各方利益。

1. 签订合同的准备工作

在签订合同前，招标人与中标人都需要做好充分的准备工作。准备工作包括对项目的需求分析、风险评估、合同条款的初步拟定等。同时，双方还需要对合同签订的相关法律、法规和政策进行了解，以确保合同的合法性和有效性。

2. 书面合同的主要内容

（1）中标主体

中标主体详细描述了招标公告中提及的招标人名称和地址、招标项目的内容、规模、资金来源，以及综合布线工程项目的实施地点和工期。此外，还需明确当事人的名称（或姓名）和住所，以及标的履行的期限、地点和方式。这些信息有助于双方明确合作的主体和项目基本情况，为后续合作奠定基础。

（2）中标通知书

中标通知书是明确告知中标人其在招标项目中成功中标，是对中标人中标事实的正式确认，它涵盖了投标文件中的主要合同条款、技术条款、设计图纸、商务和技术偏差表等部分，即确定了工程的质量等级和技术标准。中标通知书通常要求中标人在30日内提供一份可接受的履约保函并签订合同。因此，中标通知书表明双方已就合同主要条款达成一致。书面文件中的这一部分是对中标通知书、要约邀请、要约和承诺的确认，具有确认书的性质。

（3）签订合同

确定中标单位后，招标单位应及时书面通知中标单位，并要求其在指定时间内签订合同。同时，招标单位应在一周内通知未中标单位，并退回投标保函和保证金。合同应包含工程造价、施工日期、验收条件、付款日期、售后服务承诺等重要条款。这些条款有助于双方明确合作的具体事项和责任义务，确保项目的顺利进行。

3. 合同谈判与签订

在合同签订过程中，双方可能需要进行一系列的谈判，就合同条款达成一致。这一阶段需要双方具备一定的谈判技巧和经验，能够妥善处理各种谈判事宜。在谈判过程中，双方应遵循公平、公正、诚信的原则，以保护各方利益。

经过谈判达成一致后，双方即可正式签订合同。签订合同时，双方应认真核对合同条款，确保无误后方可签字盖章。合同签订后，双方应各执一份合同副本，以备后续合作过程中查阅和使用。

4. 合同履行与监督

签订合同只是合作的起点，双方还需要严格按照合同约定履行各自的义务。在合同履行过程中，双方应加强沟通与协作，确保项目按照计划顺利进行。同时，双方还应建立有效的监督机制，对合同履行情况进行定期检查和评估，及时发现并解决问题。

在合同履行过程中，如遇到合同未尽事宜或需要对合同条款进行调整的情况，双方可通过协商一致的方式签订补充协议或变更合同。任何补充协议或合同变更都应形成书面文件，并经双方签字盖章后方可生效。

5. 合同纠纷处理

在合同履行过程中，如发生纠纷或争议，双方应首先通过友好协商的方式解决。协商不成的，可以向有关部门申请调解或仲裁，也可以根据合同约定直接向人民法院提起诉讼。在处理合同纠纷时，双方应本着平等互利的原则，依法维护自身合法权益。

6. 合同终止与结算

当合同约定的项目任务完成或合同到期时，合同自然终止。双方应按照合同约定进行结算工作，包括工程款支付、质保金退还等事宜。在结算过程中，双方应本着公平、公正的原则处理相关事宜，确保合作的圆满结束。

合同作为规范工程建设过程中各方权益的重要法律文件，在签订、履行、变更、解除等环节中，都体现了社会主义核心价值观。弘扬诚信、公平、公正、公开的原则，对于提升合同各方的道德素质和法治意识具有重要意义。这有助于构建和谐的合作关系，促进各方协同合作，实现工程建设的共赢局面，推动工程建设领域的持续健康发展。

任务检测:

简答题

1. 综合布线工程项目开标有哪些步骤？
2. 综合布线工程项目签订的合同包括哪些内容？

实训任务 实施工程预算和撰写采购招标文件

活动一 实施工程预算

综合布线工程预算是确保项目顺利实施和成本控制的重要环节。预算编制需要考虑材料设备采购、施工人力成本、项目管理费用、潜在风险预备金等众多因素。本实训要求大家掌握综合布线工程预算的编制方法和流程。

➡ 实训要求

①使用 Word 或 Excel 完成项目材料的整理；
②完成本项目的工程预算。

➡ 注意事项

①在实训室注意用电安全，不要乱动电源，不带饮料及零食进入实训室；
②不要在实训室追打嬉闹，防止摔倒，注意人身安全及设备安全；

③在编写过程中，应定期保存工作进度，防止数据丢失；

④在实训过程中，应保持严谨的学习态度，认真对待每一个计算和核算细节；

⑤编制预算时注意不能漏项、缺项或重复计算；

⑥预算应结合工程所在地区住建委颁发的有关工程预算定额、取费标准等有关基础资料来计算；

⑦一般情况下，预算不能超过概算。

实训内容

（1）项目介绍与预算要求

教师介绍一个具体的工程项目情况，包括项目规模、施工范围、技术要求等。

明确预算编制的要求，如格式、精度、涵盖的费用项目等。

（2）收集基础数据

学生分组收集与项目相关的各种数据，包括材料价格、人工成本、设备租赁费用等。

调研市场行情，获取最新的价格信息。

（3）费用项目分类与计算

学习工程预算中常见费用项目分类，如直接成本（材料、人工）、间接成本（管理费用、规费等）。

按照分类，分别计算各项费用。

（4）风险与不可预见费用估算

分析项目可能面临的风险因素，如材料价格波动、施工变更等。

合理估算不可预见费用的金额。

（5）预算汇总与审核

汇总各项费用，形成初步的工程预算。

小组内部互相审核预算的准确性和合理性。

（6）调整与优化

根据审核意见和进一步的分析，对预算进行调整和优化。

（7）撰写预算报告

将最终确定的预算以规范的报告形式呈现，包括预算明细、计算依据、风险说明等。

（8）成果展示与评价

各小组展示其编制的工程预算报告。

教师和其他小组进行评价，提出改进建议。

活动二 撰写采购招投标文件

采购招投标文件是综合布线项目中组织采购活动的重要文件，它明确了采购的需求、规则和流程。撰写采购招投标文件时要综合考虑项目的具体要求、供应商的资格条件、评标标准、合同条款、技术规格等众多要素。同时，还需遵循相关法律法规和行业规范，确保文件的合法性、公正性和严谨性。本实训要求大家掌握综合布线项目采购招投标文件的撰写方法和要点。

实训要求

①了解商业中心布线项目的设备和材料采购需求，对本项目的网络配置进行分析；

②建议分组完成，2～3名同学一个小组，每两组同学再组成一个招投标组合，一组编制商业中心综合布线工程项目的招标文件，另一组根据招标文件的要求，编制对应的投标文件。

注意事项

常规注意内容：

①在实训室注意用电安全，不要乱动电源，不带饮料及零食进入实训室。

②不要在实训室追打嬉闹，防止摔倒，注意人身安全及设备安全。

③在编写过程中，应定期保存工作进度，防止数据丢失。

招标文件编写还需注意：

①项目需求明确。清晰、详细地阐述项目的背景、目标、范围和具体要求。

②条款完整性。涵盖资格要求、评标标准、合同条款、技术规格等所有必要条款。

③语言准确性。表述准确、无歧义，避免模糊不清或易产生误解的表述。

④遵守法律法规。符合相关法律法规的要求和行业规范。

⑤格式规范。遵循统一的格式和排版要求，便于阅读和理解。

投标文件编写还需注意：

①响应性。对招标文件的各项要求进行全面、准确地响应。

②方案合理性。提供的技术方案、实施计划等具有合理性和可行性。

③优势突出。清晰展示自身的优势、特色和创新点。

④成本合理性。报价合理，成本估算清晰且具有竞争力。

⑤资料完整性。提供的资质证明、业绩案例等资料完整、有效。

⑥语言规范性。表述规范、逻辑清晰、语言通顺。

实训内容

（1）项目介绍与需求分析

教师介绍商业中心项目的项目背景、规模和需求，并展示一个标准的招标文件。

学生分组对项目进行深入分析，明确项目的具体要求和重点。

（2）招标文件框架搭建

学习招标文件的常见结构，包括招标公告、投标人须知、项目技术要求、评标方法和合同条款等。

学生根据项目需求搭建招标文件的基本框架。

（3）条款编写

针对各个章节的具体内容，如资格要求、技术规格、商务条款等，进行详细编写。

强调条款的清晰性、准确性和完整性，避免表述模糊和歧义。

（4）审核与修订

小组内部互相审核所编写的招标文件，检查是否存在遗漏、错误或不合理的地方。

根据审核意见进行修订和完善。

（5）成果展示与评价

每个小组展示其编写的招标文件。

教师和其他小组进行评价，提出改进建议。

（6）招标文件解读

学生仔细研读对方小组的招标文件，理解项目需求、评标标准等关键信息。

小组讨论，确定投标的重点和策略。

（7）投标文件框架设计

依据招标文件要求和投标策略，设计投标文件的框架结构。

投标文件应包括商务部分、技术部分、报价部分等。

（8）内容填充与撰写

针对各个部分，收集和整理相关资料，如企业资质、业绩案例、技术方案、成本核算等。

按照规范的格式和语言进行撰写，突出自身优势和特色。

（9）校对与审核

对编写完成的投标文件进行仔细校对，确保内容准确、一致。

检查是否完全响应招标文件的要求，有无遗漏或错误。

（10）展示与评估

各小组展示其编写的投标文件。

教师和其他小组从响应性、合理性、竞争力等方面进行评估。

布线系统工程预算实训　学生互评表

序号	观察点	观察结果（完成则打√）	评判结果
1	数据来源可靠，准确无误		
2	预算表涵盖所有必要费用，无遗漏		
3	计算方法正确，公式运用得当		
4	风险评估全面，应对措施有效，不可预见费用合理		
5	严格遵循预算编制的规范和标准		
6	能根据新情况进行合理调整和优化		

撰写招标文件实训　学生互评表

序号	观察点	观察结果（完成则打√）		评判结果
1	项目需求明确、具体，无遗漏			
2	文件涵盖所有关键条款，无缺失			
3	语言表述准确，无歧义			
4	文件内容符合相关法规和规范			
5	文件格式统一、规范，排版清晰			
6	编写的文件内容全面、结构合理			

撰写投标文件实训　学生互评表

序号	观察点	观察结果（完成则打√）		评判结果
1	响应全面，对招标文件要求全面响应，无遗漏			
2	方案合理，技术方案和实施计划合理可行			
3	优势突出，有亮点			
4	报价合理，成本分析清晰			
5	公司各类证明资料齐全、有效			
6	编写的投标文件表述规范、通顺			

项目四　综合布线的常用设备与材料

项目背景

　　随着综合布线技术的不断进步，市场上涌现出种类繁多的设备和材料。然而，不同品牌、型号的设备和材料在性能、质量和价格上存在较大差异，选择不当不仅会影响布线系统的性能，还可能增加成本和维护难度。所以，应对综合布线的常用设备与材料有一定的了解。

项目任务

　　在施工前，你还需要全面了解综合布线系统中常用的设备和材料，如缆线、连接硬件、安装设备和材料等。本项目中，你将学习这些设备和材料的种类、标准、性能参数以及适用范围，掌握设备和材料的选型原则，能够根据实际需求和预算制订合理的设备和材料清单。通过案例分析和实践操作，提高对设备和材料应用的认识，增强解决实际问题的能力。

学习目标

➤ 知识目标

（1）了解综合布线常用设备与材料的种类和特点；

（2）理解设备与材料的性能指标和适用场景；

（3）掌握设备与材料的选型原则和质量判断方法。

➤ 技能目标

（1）能根据需求选择合适的设备与材料；

（2）能正确安装和调试常用设备；

（3）能对设备与材料进行质量检测和维护。

➤ 素质目标

（1）注重设备与材料的质量，保障布线系统稳定；

（2）不断学习新技术，更新设备与材料知识；

（3）培养节约意识，合理利用资源。

任务一　双绞线和光纤

在综合布线领域，双绞线和光纤是常用的传输介质，它们各自具有独特的性能和适用场景。选择合适的传输介质对于构建高效、稳定的网络至关重要。选择传输介质需要综合考虑带宽、距离、抗干扰、成本及未来扩展等多方面因素。本任务将介绍双绞线和光纤的特点、性能差异、应用场景等内容，帮助你做出明智的选择和应用。

活动一　认识和选用双绞线

1. 认识双绞线

双绞线（Twisted Pair），由两根 22/24/26 号（数字越小线芯越粗）绝缘铜导线绞合在一起形成，是局域网中最常用的传输介质。每根导线通常由多股细铜线或铜合金线编织而成。

（1）导线

导线的材质通常是铜或铜合金，因为铜具有良好的导电性能。

（2）绝缘层

每根导线都覆盖着一层绝缘材料，用于隔离导线之间和导线与外界的电气联系。

（3）绞合方式

两根导线绞合在一起，形成双绞对。绞合的方式可以是两根导线按照一定的规律交叉绞合，也可以是两根导线紧密地绕在一起，扭线的越密，其抗干扰能力就越强。

（4）护套

双绞线的外部通常还会有一层护套，用于保护导线和绝缘层，增强线缆的机械强度和耐磨性。

双绞线的结构设计旨在提供良好的抗干扰能力和传输性能。通过将两根导线紧密绞合在一起，可以减少外界的电磁干扰对信号的影响。同时，绞合的导线还可以减小电磁辐射，降低对其他设备的干扰。

2. 双绞线分类

按照有无屏蔽层，双绞线可分为屏蔽双绞线（Shielded Twisted Pair，STP）与非屏蔽双绞线（Unshielded Twisted Pair，UTP）。屏蔽双绞线又分为 STP 和 FTP，STP 指每条线都有各自的屏蔽层，而 FTP 只在整个电缆外有屏蔽装置。屏蔽层可减少辐射，防止信息被窃听，也可阻止外部的电磁干扰，使屏蔽双绞线比同类的非屏蔽双绞线具有更高的传输速率。通常在没有特殊需要的情况下，在综合布线系统中只需使用非屏蔽双绞线。

按照线芯粗细，双绞线又分为 CAT1—CAT8、CAT5E、CAT6A、CAT7A 等 11 种，其中 CAT1 — CAT4 目前基本上已经淘汰。

CAT5E：适用于百兆网，传输频率为 100 MHz，短距离最高传输速率可达 1 Gbit/s，最大传输距离为 100 m。

CAT6：适用于千兆网，最高物理频率为 250 MHz，最大传输距离为 100 m。目前在市场上已经基本取代了 CAT5E 类线。其增加了绝缘的十字骨架，将双绞线的 4 对线分别置于十字骨架的 4 个凹槽内。

CAT6A：适用于千兆网和万兆网，最高物理频率为 500 MHz，最高传输速率可达 10 Gbit/s，最大传输距离为 100 m。一般使用在主干链路中。

CAT7：适用于万兆网，双屏蔽结构，非 RJ–45 接口，最高传输速率可达 10 Gbit/s，最高物理频率为 600 MHz，最大传输距离为 100 m。目前除非有特殊要求，否则普通工程一般很少用。

最新推出的 CAT8 线缆，可提供 40 Gbit/s 的最高传输速度（30 m 范围），最高物理频率可达 2 000 MHz。

3. 双绞线的主要电气性能指标

（1）特性阻抗

特性阻抗是指链路在规定工作频率范围内呈现的电阻。任何使用中的双绞线，其每对芯线的特性阻抗在整个工作带宽范围内应保持恒定、均匀。链路上任何点的阻抗不连续性都将导致信号畸变。

（2）衰减

衰减是指信号在传输过程中逐渐减弱的现象，通常以分贝（dB）为单位表示。衰减量与线缆长度和频率有关，长度增加，信号衰减随之增加。所有传输介质都存在信号衰减问题，要保证信号被识别，必须确保信号衰减在规定范围内，因此需要限制电缆长度。

（3）近端 / 远端串扰

串扰是指多条双绞线之间信号相互干扰的现象。测量串扰时，通常在一个线对发送已知信号，在另一个线对测试感生信号的大小。在信号输入端测试得到的是近端串扰，在信号输出端测试得到的是远端串扰。

（4）衰减串扰比

衰减串扰比也称信噪比，是某一频率上测得的串扰与衰减的差。

（5）回波损耗

回波损耗又称反射损耗，是电缆链路由于阻抗不匹配引起的反射，主要发生在连接器等电缆中特性阻抗发生变化的地方，所以施工质量是降低回波损耗的关键。

（6）传播时延

传输时延是指信号从发送端到接收端所需的时间，延迟通常以纳秒（ns）为单位表示。

4. 为什么选用双绞线

双绞线具有抗干扰能力强、成本低、安装灵活、适用范围广、易于维护和升级等优点，这些优点使其成为常用和广泛应用的传输介质。

（1）抗干扰能力强

双绞线采用了两根绝缘导线紧密绞合的结构，可以有效地减少外部电磁干扰对信号的影响，具有较好的抗干扰能力，能够保证数据传输的稳定性和可靠性。

（2）成本低

与其他传输介质相比，双绞线的制造成本相对较低，易于生产和安装。

（3）安装灵活

双绞线具有较高的柔韧性，可以方便地弯曲和安装在办公室、数据中心、工业环境等各种环境中。

（4）适用范围广

双绞线可以支持多种不同的网络和通信协议，包括以太网、电话线路、视频传输等。

（5）易于维护和升级

双绞线的安装和维护相对简单，可以方便地更换或升级，减少了维护成本和工作量。

5. 如何选用双绞线

在选择双绞线时，需考虑传输速率和距离、屏蔽要求、合规标准、质量和可靠性、成本以及安装和维护便利性等因素。

（1）传输速率和距离

根据需要传输的数据速率和传输距离，选择合适的双绞线。不同类型的双绞线具有不同的传输能力，如 CAT5E、CAT6、CAT6A 等，可以支持不同的传输速率和距离。

（2）屏蔽要求

根据环境中的干扰情况选择屏蔽或非屏蔽双绞线。如果工作环境中存在强电磁干扰源或需要更高的抗干扰能力，建议选择屏蔽双绞线。

（3）质量和可靠性

选择具有良好质量和可靠性的品牌制造商制作的双绞线。品牌制造商的声誉可以为双绞线的质量提供保障，减少故障风险。

（4）成本考虑

综合考虑性能和成本，选择适合预算的双绞线。并非一定要选择最高规格和最昂贵的双绞线，而是根据实际需求和预算来平衡性能和成本。

（5）其他因素

还需要考虑安装和维护的便利性、线缆的柔韧性和耐用性等。

1. 认识光纤

光缆（图 4-1-1）是由包裹在护套中的一根或多根光纤组成，主要用于传输光信号。外层的保护结构可防止恶劣环境对光纤的伤害，如水、火、电击等。

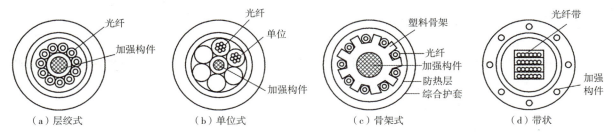

（a）层绞式　　　（b）单位式　　　（c）骨架式　　　（d）带状

图 4-1-1　各类光缆

光纤（Fiber）是光导纤维的简称，是一种利用光在玻璃纤维中的全反射原理来传输信息的传输介质。光纤的结构如图 4-1-2 所示。

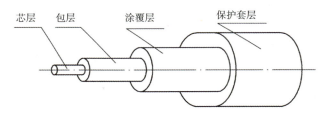

图 4-1-2　光纤的结构

芯层：光纤的中心部分，用于传输光信号。通常由高折射率的材料（如二氧化硅）构成。

包层：包围在光纤芯外部的一层材料，用于保护光信号在光纤中传输。通常由低折射率的材料构成。

涂覆层：覆盖在光纤包层外部的一层保护层，用于保护光纤免受外部环境的损害。

2. 光纤分类

按传输模式，光纤可分为单模光纤和多模光纤。

单模光纤（Single-mode Fiber，SMF）：工作时，光信号只能传输一个传播模式的光纤，纤芯的直径较小。其适用于长距离传输和高速数据传输，如主干链路光纤通信。

多模光纤（Multi-mode Fiber，MMF）：工作时，光信号能传输多个模式的光纤，纤芯的直径较大。其适用于短距离传输和低速数据传输，如局域网和视频传输。

3. 为什么选择光纤

光纤具有大带宽、长距离传输、抗干扰能力强、安全性高、轻量化和占用空间小等优点，这些优点使光纤成为一种广泛应用于通信和网络领域的传输介质。

（1）大带宽

相比铜缆，光纤具有更高的传输速率和更大的传输容量，可以满足日益增长的数据需求。

（2）长距离传输

光纤的传输损耗较低，覆盖距离更远。一般的 ILD 光源可传输 15~20 km。

（3）抗干扰能力强

光纤传输中的载波是光波，它是频率极高的电磁波，远远高于一般无线电波通信所使用的频率，所以不受干扰，尤其是不受强电的干扰。

（4）安全性高

光纤采用的玻璃材质不导电，防雷击；光纤传输不像传统电路，不会因短路或接触不良而产生火花，因此在易燃易爆场合下特别适用。

（5）轻量化和占用空间小

光纤相比铜缆更加轻巧和细小，更容易安装和布线。

4. 如何选择光纤

光纤除根据光纤芯数和光纤种类来选择外，还要根据带宽需求、光缆的使用环境、抗干扰能力、成本效益等来选择。

（1）带宽需求

根据实际需求确定所需的带宽，选择适合的光缆类型。例如，在数据中心或办公室内进行局域网连接，可以选择多模光纤。

（2）距离要求

确定需要覆盖的距离，选择合适的光缆规格和类型。不同的光缆有不同的传输距离限制，需要根据实际情况进行选择。例如，跨越大片地区或者连接不同城市之间的通信，可以选择单模光纤；在数据中心或办公室内进行局域网连接，可以选择多模光纤。

（3）环境条件

考虑光缆将被安装的环境条件，如室内还是室外、地下还是架空等。户外用光缆直埋时，宜选用铠装光缆；架空时，可选用带两根或多根加强筋的黑色塑料外护套光缆。

（4）抗干扰能力

如果光纤需要在高电磁干扰环境中使用，如工业环境或高密度电子设备周围，可以选择具有良好抗干扰能力的光纤。例如，选择具有屏蔽层或金属护套的光纤，以减少电磁干扰对信号传输的影响。

（5）安装和维护便利性

考虑光缆的安装和维护难度，选择易于安装和维护的光缆。例如，选择具有良好的柔韧性和弯曲半径的光缆，以便于布线和安装。

（6）成本效益

综合考虑光缆的价格、性能和寿命等因素，选择具有良好性价比的光缆。不仅要考虑初期投资成本，还要考虑长期运营和维护成本。

（7）品牌和供应商信誉

选择知名品牌和有良好信誉的供应商提供的光缆，以确保产品质量和售后服务。

开拓视界

双绞线虽然经过不断更新迭代，性能提升，但仍大范围被光纤取代，说明技术发展需要与时俱进。我们不能停留在过去的成果上，而应把握时代的脉搏，勇于接受新技术、新挑战。

同时，我们应客观看待技术更新，不应盲目追求新技术而忽视旧技术的价值。双绞线在特定场景仍有其优势，如成本较低、部署简单等。因此，在选择传输介质时，应综合考虑实际需求、成本、性能等因素，做出明智选择。

任务检测：

一、填空题

1. 按照有无屏蔽层，双绞线可分为 _____ 与 _____ 。

2. 衰减是指信号在传输过程中逐渐减弱的现象，通常以 _____ 为单位表示。

3. 按传输模式，光纤可分为 _____ 和 _____ 。

二、选择题

1. 下列不属于光缆测试参数的是（   ）。

　A. 回波损耗　　　　B. 近端串扰　　　　C. 衰减　　　　D. 插入损耗

2. 在下列传输介质中，（   ）的抗电磁干扰性最好。

　A. 双绞线　　　　　B. 同轴电缆　　　　C. 光纤　　　　D. 无线介质

三、简答题

1. 双绞线按照线径粗细分为哪几类？按照是否具有屏蔽层分为哪几类？

2. 选择双绞线需要注意哪些方面？

任务二　网络配线架、机柜和常用布线工具

网络配线架、机柜和常用布线工具在综合布线中发挥着关键作用，它们是构建有序、高效网络系统的基础。配线架实现线缆的连接与分配，机柜提供设备的安装与保护，而布线工具则是施工的重要保障。本任务将介绍网络配线架和机柜的种类、功能、安装方法，以及常用布线工具的特点和使用技巧，助你熟练使用它们。

活动一　了解网络配线架

网络配线架是端接线缆的装置，安装在设备间和管理间机柜内，是子系统交叉连接的枢纽。按接口不同，工程中最常见的网络配线架分为双绞线网络配线架、大对数语音配线架和光纤配线架。

双绞线网络配线架（图4-2-1）的正面全是 RJ-45 接口，用于跳线配线，主要分为 24 口和 48 口，宽度一般为 19 in。按照端口是否固定，分为固定端口配线架和模块式配线架；按照有无屏蔽层，又分为屏蔽配线架和非屏蔽配线架。

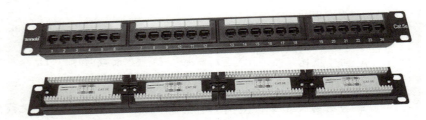

图 4-2-1　双绞线网络配线架

大对数语音配线架又称 110 配线架（图4-2-2），是早期网络系统使用的一种配线方式，现在主要用于电话系统配线，俗称鱼骨架。一般一个 110 配线架包含了左右两个各 50 对鱼骨架，共可连接 100 对的 2 芯电话线。其适用于大对数电缆和网线。

图 4-2-2　大对数语音配线架

光纤配线架（图4-2-3）是光纤和光通信设备之间或光通信设备之间的配线连接设备，主要作用有光纤的固定和终接、光缆纤芯的保护、光纤存储等。

图4-2-3　光纤配线盒

活动二　认识机柜

机柜是存放设备和进行缆线交接的地方。机柜以U为单元（1 U = 44.45 mm），最常见的高度有6 U、9 U、12 U、18 U（约1 m）、22 U、27 U、32 U、37 U、42 U（约2 m）等。

标准19 in机柜的宽度都是600 mm。按功能分，机柜分为网络机柜和服务器机柜，多数网络机柜的深度为600 mm，服务器机柜的深度为800 mm或1 000 mm；按安装方式分，机柜分为立式机柜（图4-2-4）、墙上型机柜（图4-2-5）、开放式机架（图4-2-6）。墙上型机柜也称壁挂式机柜，需要安装在墙上，一般都比较小，多数为6 U，常应用于管理间；立式机柜又称落地式机柜，一般在18 U以上，多应用于机房；开放式机架多为展览和比赛时使用。

图4-2-4　立式机柜

图4-2-5　墙上型机柜

图4-2-6　开放式机架

活动三　熟悉布线工具

在网络综合布线中，需要用到如网线钳、打线刀、测线仪、剪刀、螺丝刀、钳子、尺子等众多工具，其中网线钳、打线刀、测线仪在项目一里已经介绍过，本节我们就介绍其他工具。

1. 剪刀

综合布线中用到的剪刀常见的有电工剪（图 4-2-7）、线槽剪（图 4-2-8）和线管剪（图 4-2-9）等。

图 4-2-7　电工剪

图 4-2-8　线槽剪

图 4-2-9　线管剪

电工剪：用来剪断电线网线等硬度不大的线缆，最主要的是能用来剥线缆的外皮，暴露导线芯。

线槽剪：适合剪裁 PVC 线槽，不能剪电线、钢丝等硬物。

线管剪：适合用来剪 D25 型号以下的 PVC 线管。

2. 螺丝刀

螺丝刀，也称螺丝批（图 4-2-10），方言中也有称改锥、起子等，主要用于拧螺丝。综合布线中常见的螺丝刀有一字螺丝刀和十字螺丝刀，也有六角螺丝刀（分内六角和外六角）。

质量上乘的螺丝刀的刀头是用硬度比较高的弹簧钢做的。好的螺丝刀应该做到硬而不脆，硬中有韧。使用螺丝刀拧螺丝时，一般顺时针方向旋转为嵌紧，逆时针方向旋转则为松出。

图 4-2-10　螺丝刀

3. 钳子

钳子主要由钳头和钳柄两部分构成。根据钳头设计和功能上的区别，可分为钢丝钳（图 4-2-11）、斜口钳（图 4-2-12）、水口钳（图 4-2-13）、尖嘴钳（图 4-2-14）等。

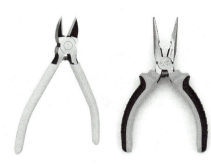

图 4-2-11　钢丝钳　　　图 4-2-12　斜口钳　　　图 4-2-13　水口钳　　图 4-2-14　尖嘴钳

钢丝钳：又称老虎钳，主要用于线缆的剪切、绝缘层的剥削、线芯的弯折、螺母的松动和紧固等。钢丝钳的钳头由钳口、齿口、刀口和铡口组成，钳柄用绝缘套保护。在使用钢丝钳时，一般多采用右手操作，使钢丝钳的钳口朝内，便于控制钳切的部位。可以使用钢丝钳钳口弯绞导线，齿口可以用于紧固或拧松螺母，刀口可以用于修剪导线以及拔取铁钉，铡口可以用于铡切较细的导线或金属丝。

斜口钳：又称偏口钳、斜嘴钳，主要用于线缆绝缘皮的剥削或线缆的剪切操作。斜口钳的钳头部位为偏斜式的刀口，可以贴近导线或金属的根部进行切割。斜口钳不可切割双股带电线缆，因为所有钳子的钳头均为金属材质，具有一定的导电性能，若使用斜口钳去切割带电的双股线缆时会导致线路短路，严重时会导致该线缆连接的设备损坏。

水口钳：又称剪钳，外形与斜口钳相近，但刀口更薄、更锋利，适用于剪细铜线和塑料橡胶等材料，剪断铜线后的切口是平的，剪塑料很齐整。

尖嘴钳：钳头部分较细，可以在较小的空间里进行操作。可以分为带有刀口型的尖嘴钳和无刀口的尖嘴钳。带有刀口的尖嘴钳可以用来切割较细的导线、剥离导线的塑料绝缘层、将单股导线接头弯环以及夹捏较细的物体等；无刀口的尖嘴钳只能用来弯折导线的接头以及夹捏较细的物体等。

4. 尺子

尺类工具有很多种，综合布线中常见的尺子有卷尺（图 4-2-15）、多用途直角尺（图 4-2-16）和水平尺（图 4-2-17）3 类。

图 4-2-15　卷尺　　　　　图 4-2-16　多用途直角尺　　　　　图 4-2-17　水平尺

卷尺：一种用于测量长度的工具，通常由可弯曲的带状材料制成，如塑料或金属，综合布线中经常看到的是钢卷尺。

多用途直角尺：厚座角尺的变形版，可量 45° 角，还可以测量是否水平和垂直。

水平尺：一种利用液面水平的原理，以水准泡直接显示角位移，测量被测表面相对水平位置、铅垂位置、倾斜位置偏离程度的计量器具。

任务检测：

一、选择题

1. 网络配线架的主要功能是（　　）。

A. 存储数据　　　B. 管理缆线　　　　　C. 发电供电　　　D. 增加美观

2. 在综合布线系统中，机柜的作用是（　　）。

A. 存放图书　　　B. 管理缆线和设备　　C. 装饰空间　　　D. 提供照明

二、填空题

1. 网络机柜的高度单位一般用 _____ 表示。

2. 机柜一般可分为 _____ 机柜和 _____ 机柜。

3. 在安装网络配线架时，需要使用到 _____ 和 _____ 等布线工具。

实训任务　配线架端接

配线架是配线子系统中关键的配线接续设备，它安装在配线间的机柜中，配线架在机柜中的安装位置要综合考虑机柜线缆的进线方式、有源交换设备的散热、美观、便于管理等因素。本实训要求大家掌握网络配线架的端接。

微课

网络配线架
的端接

➡ 实训要求

①熟练掌握配线架的剥线、理线操作；

②明确配线架上色标的含义；

③熟练掌握配线架的打线操作。

📌 注意事项

①网线钳和打线刀的所有刀口都极锋利，人体任何部位不可碰触其上；

②打线刀垂直于配线架，否则容易打坏配线架的打线夹子；

③工具、器材不能乱摆乱放，更不能弄丢、损坏。

📌 实训内容

①剥皮：用双绞线剥线器将线段一端的双绞线塑料外皮剥去3～5 cm。

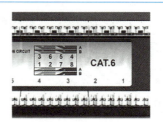

②开绞：剪掉撕拉线，根据色标顺序决定是否剥开线对，按打线装置上规定的线序排序。

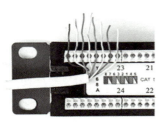

③卡线：将8根线芯按序轻轻卡入槽口中，卡线成功。

④打线：右手紧握110打线工具（刀口朝外），从左起第一个接口开始打线，将线芯一一打入槽口的卡槽触点上，每打一次都有一声清脆的响声，同时将多余的线头剪断。

⑤再按如上顺序压制好另一条网线。

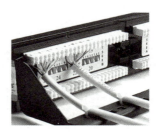

⑥固定：用扎带把网线固定在托线架上，并剪掉多余扎带。

实训过程中，我们必须严格遵守安全操作规程，正确使用工具和设备，确保人身和设备的安全。通过实践，体会到遵守安全规范的重要性，并将这种意识内化为未来的职业习惯。

在配线架端接过程中，我们需要展现出对质量的追求以及对细节的关注，努力追求每一个端接点的精确和完美，培养耐心、专注和精益求精的工作态度。以此提升自己的专业技能，也在日常学习中塑造自己作为未来信息通信工程师的工匠精神。

配线架端接实训 学生互评表

序号	观察点	观察结果（完成则打√）		评判结果
1	能正确认识并选择压线钳、水晶头、剥线工具、打线刀、双绞线、测线仪等实训工具和材料			
2	双绞线剥线长度正确（3~5 cm）			
3	排线方法正确(不偏心，长度合适，方向正确)			
4	线序正确（按配线架上色序，排B序）			
5	打线刀使用正确（垂直对齐、爆发力打压）			
6	通过电气测试（通过测试仪检测）			

项目五　综合布线工程施工准备

项目背景

　　在综合布线工程施工中，充分的准备工作是确保工程顺利进行和质量达标的重要前提。如果在实际操作中，由于施工人员对准备工作的忽视或准备不充分，可能会导致施工过程中出现安全事故、施工延误和质量问题。

项目任务

　　正式施工之前，施工员还有一系列准备工作需要完成。在本项目中，你需要了解并掌握施工现场的安全规范及应急措施；接受职业素养培训，提升工作中的专业态度和团队协作能力；完成技术准备，包括熟悉施工图纸、掌握施工工艺标准和质量要求；检查施工环境，确保工作区域的安全与适宜性，为顺利施工创造条件；学习不同材质的管槽安装技术，理解不同材料的性能及其适应环境。

学习目标

➤ 知识目标

（1）了解施工准备工作的重要性和主要内容；

（2）理解施工安全规范和质量标准；

（3）掌握施工技术交底和施工组织设计的要点。

➤ 技能目标

（1）能制订详细的施工准备计划；

（2）能组织施工人员进行安全培训和技术交底；

（3）能对施工现场进行勘察和评估。

➤ 素质目标

（1）树立安全第一的观念，确保施工准备无隐患；

（2）培养严谨细致的工作作风，做好各项准备工作；

（3）积极主动，为施工顺利进行创造良好条件。

任务一　施工员岗前培训

在综合布线工程中，施工员是项目实施的关键角色，其能力和素养对工程的成败有着重要影响。施工员需要具备扎实的专业知识、严谨的工作态度和良好的团队协作精神。本任务将介绍施工员岗前培训的重要内容，包括施工流程、技术要点、质量标准、安全规范等，帮助你快速适应岗位，胜任工作。

活动一　参与安全教育培训

施工员在进行综合布线工程施工前，参与全面的安全教育培训是至关重要的。这不仅有助于保障施工员的生命安全，还能确保工程的顺利进行。

1. 安全法规和政策

施工员应深入学习国家和地方有关安全生产的法律法规，如《中华人民共和国建筑法》《中华人民共和国安全生产法》《建设工程质量管理条例》《中华人民共和国消防法》等，了解这些法规中关于保障施工安全的具体要求和规定，明确自身在施工过程中的权利和义务。

熟悉相关政策文件，了解政府对安全生产的政策，以及对违规行为的处罚措施。同时，要严格遵守企业的安全规章制度，这些制度是根据法律法规和企业实际情况制订的，具体规定了施工中的安全操作流程和注意事项。

2. 安全知识

（1）电气安全

在施工领域，电气安全是工程管理的一个至关重要的方面。涉及许多安全措施和注意事项，其目标是确保所有工作人员的安全，并保障施工现场的安全运行。

①在施工现场的周围设置明显的安全警示标志，如禁止入内、高压电警示及禁止吸烟等标志。这有助于提醒人们警惕电气施工带来的潜在危险。

②接地装置对于所有电气设备的金属外壳来说都是必需的，且在使用中不得随意拆除或进行任何可能影响安全的作业。此外，非特定许可的工作不得靠近或接触任何有电设备的带电部分。

③发现有人触电时，应立即切断电源并使触电人脱离电源，然后进行急救。

④遇到电气设备着火时，应先切断相关设备的电源再进行救火，使用干式灭火器或二氧化碳

灭火器扑救带电电气设备火灾。

⑤所有施工人员都应掌握消防器材的使用方法，并保持施工道路畅通。在进行焊割等动火作业时，必须遵守严格的安全规定，确保用火安全。

（2）高处作业安全

对于任何施工现场而言，高处作业永远是一项重要且需要格外注意的安全挑战。在综合布线施工过程中，不仅涉及高空作业本身的风险，还涉及综合布线特有的技术要求和环境因素。为了确保在这类工作中的安全，必须严格遵守一系列详尽的安全规程和操作标准。

①个人防护装备与防坠落系统。所有在高空工作的施工员必须全套佩戴合适的个人防护装备，包括安全帽、防滑工作鞋、合身的工作服以及必要的护目镜和手套。这些装备不仅可以保护施工员免受直接的物理伤害，还能提高工作的舒适度和其他的安全性。安全带和安全绳是防止坠落的基础保障，它们必须符合国际安全标准，且固定点要牢靠，以防工作中人员发生坠落事故。

②现场准备与风险评估。对作业地点进行全面评估，识别所有潜在的风险点，如不稳定的支撑物、松动的建筑材料等。

③严格流程与规范操作。所有参与高处布线作业的员工都应接受专业的操作培训，并通过考核。这不仅包括安全规程的学习，还应涵盖正确使用工具和材料的方法、应急处理措施等内容。工具和材料的管理同样重要，要保证它们不会从高处滑落，应使用工具腰带或绳索将其固定。

④设备维护与检查。安全带、安全网、脚手架等个人和集体防护设备应定期进行检查和维护保养，确保其处于良好的工作状态。对任何损坏或老化的安全防护设备，必须立即停止使用，并及时更换。

3. 安全技能

个人防护用品的正确使用：施工员应熟练掌握安全帽（图5-1-1）、安全带（图5-1-2）、安全鞋、手套（图5-1-3）等个人防护用品的正确佩戴和使用方法，确保在施工过程中能有效保护自己的安全。

图5-1-1　安全帽　　　　　图5-1-2　安全带　　　　　图5-1-3　手套

（1）安全帽的使用与维护

安全帽是施工员进入施工现场必不可少的防护用品，主要用于保护头部免受撞击。选择安全帽时，首先需要确认其符合国家安全标准，具有合格的耐穿透性和耐撞击性。佩戴时，要调整帽带，使其紧贴头部，不得过松或过紧，确保安全帽在任何情况下都不会脱落。

另外，需要定期检查安全帽的外壳是否有裂纹，帽带是否牢固，帽衬是否完整。如发现损坏，应立即更换，不得继续使用。此外，安全帽需避免暴露在高温环境下，以免材质老化，影响保护性能。

（2）防尘口罩的选择与使用

在扬尘较多的施工环境中，戴防尘口罩可有效防止吸入粉尘和颗粒物，减少呼吸道疾病的发生。选择防尘口罩时，要根据作业环境选择适当的防护等级，并确保口罩与面部贴合良好，不漏气。

使用时，要先清洗双手，避免污染口罩内部。戴上口罩后，调整鼻夹和耳带，确保密封性。需要注意的是，使用过程中不可随意触碰口罩表面。

（3）安全带的正确穿戴方法

安全带是高空作业时的重要防护工具，能够有效防止坠落事故的发生。穿戴安全带前，应检查各扣环、缓冲器和连接带是否完好无损。穿戴时，要将安全带的腰带系在臀部上方，调节至合适的紧度，保证穿戴舒适且扣件易于操作。

安全绳的固定点应选择牢固可靠的位置，不得固定在移动的构件上。在进行高空移位时，应重新选择固定点，严禁在未解除安全带的情况下进行跨跳移动。工作完成后，应将安全带折叠好，避免阳光直射，并存放在干燥通风的地方。

（4）手套的分类和使用

根据施工作业的不同需求，手套分为防滑、防切割、耐油、耐热等类型。施工员在选择手套时，应根据接触物料的性质和作业环境进行选择，确保手部的安全与舒适。

使用手套时，应注意尺寸适宜，既不影响手部活动，也不至于过于宽松降低操作精准度。使用中要避免接触尖锐物品，以免手套被划破。使用后，应将手套清洗干净，晾干后妥善保管，以备再次使用。

（5）护目镜的使用和注意事项

在进行金属管、塑料管或任何电缆外皮的切割作业时，以及安装新的布线路径或在墙面、地板钻孔时，必须佩戴护目镜以防止粉尘和小碎片进入眼睛；操作光纤或进行熔接时，应佩戴特制的光学护目镜以保护眼睛不受强光伤害。

根据不同的工作环境和危害物质选择合适的护目镜类型，如化学防护、机械冲击防护或光学辐射防护等类型。另外，护目镜应舒适地贴合面部，将其调节到适合的紧度，不应过紧导致头痛，也不应过松而滑落，以确保长时间佩戴而不被频繁摘下。定期清洁护目镜，以保证视线清晰，避免因视线受阻而导致的工作错误或事故。

活动二　接受职业素养培训

良好的职业素养是施工员必备的素质，有助于提高工作质量和效率，树立良好的企业形象。

1. 职业道德

在任何行业中，职业道德都是从业人员必须严格遵守的基本准则。诚实守信体现在对待工作的真实性和对待同事及客户的诚信上。公正合规要求施工员在工作中保持中立，遵守行业规范，不偏袒任何一方。保守机密则要求施工员妥善保管在工作中获得的敏感信息，不得泄露给无关人员，确保客户和公司的隐私不受侵犯。

2. 工作态度

工作态度决定了一个人在职场中的成就。一个积极向上的工作态度可以提高工作效率，减少事故的发生。施工员应始终持有积极主动的态度，对待每一项任务都认真负责。面对困难时，勇于承担责任并寻找解决方案，而不是逃避问题。同时，良好的工作态度也包括对新知识的好奇心和学习热情，不断追求个人和团队的进步。

3. 沟通能力

客户的满意度直接关系到公司的声誉和发展。施工员要深刻理解这一点，并将提高客户满意度作为自己行动的指南。这包括了解和满足客户的需求，耐心倾听客户的反馈，以及提供专业而准确的建议。在服务过程中，始终保持友好的态度，尊重客户的决策，并努力超越他们的期望值。

沟通是人际互动的桥梁。有效的沟通技巧不仅能够帮助施工员与客户建立良好的关系，还能促进团队内部的协作。清晰表达意味着用适当的语言清楚地传递信息，避免误解和混淆。非言语的沟通，如肢体语言和面部表情，也是沟通的重要组成部分。倾听技巧要求我们全神贯注地聆听对方的话语，并通过反馈来确认理解是否准确。这些都是构建有效沟通的基石。

4. 安全意识

安全是施工的首要规则。所有施工员都必须熟悉并严格遵守安全操作规程，以确保个人和他人的安全。前文讲述过施工过程中最常见的安全注意事项。事故发生时的紧急应对措施也同样重要，能够迅速有效地做出适当的反应，可以最大限度地减少伤害和损失。

任务检测：

一、选择题

1. 在综合布线系统中，下列不属于标准安全操作程序的是（　　）。

A. 确保所有工具已经绝缘处理　　　　　　B. 按照操作手册进行设备安装

C. 在无监护人员在场的情况下进行高空作业　D. 使用个人防护装备

2. 在客户服务中，下列行为不利于建立良好客户关系的是（　　）。

A. 及时响应客户的需求和问题　　　　　　B. 对客户的反馈表现出耐心和理解

C. 忽视客户的负面评论　　　　　　　　　D. 提供专业的解决方案和建议

二、判断题

1. 综合布线施工员在施工现场应随时佩戴个人防护装备。 （ ）

2. 与客户沟通时，使用技术术语可以提高专业形象，因此应该尽量使用。
（ ）

三、实践操作题

1. 模拟一次安全检查，包括检查个人防护装备、工具设备及现场环境，并列出一份检查报告。

2. 模拟客户对综合布线系统提出疑问的场景，学生需要用所学的客户服务技巧来应对。

任务二　施工前准备

在综合布线施工中，充分的施工前准备是保障工程质量和进度的关键。它能提前发现并解决可能出现的问题，降低施工中的不确定性和风险。本任务将介绍施工前准备工作的各个方面，包括现场勘查、材料准备、人员安排、技术交底等，让你对施工前的筹备有全面清晰的了解。

活动一　做好施工技术准备

1. 熟悉和理解布线设计图纸及相关文档

设计图是施工的蓝图，为施工人员提供了布线系统的整体规划和具体细节。施工团队必须认真阅读图纸，深入理解其中的关键信息，如平面布局、走线路径、面板位置和子系统分布等。只有充分理解了施工图纸，才能明确工程的要求，包括所需设备、材料及与其他工程的配合情况，确保施工顺利进行。

此外，相关文档如设计说明、施工规范和材料清单等也需要仔细阅读，以便把握项目需求和实施标准。对于重要的施工细节和技术要求，团队成员应详细讨论分析，确保任务和责任明确。同时，与设计师、业主等及时沟通协调，解决可能出现的问题，保障施工过程的顺利进行。

2. 确认材料和工具的准备

为确保高质量完成综合布线系统施工，施工前的材料和工具准备至关重要。首先，根据设计图纸和材料清单，精心挑选并准备所有必要的材料，包括各种类型的电缆、接头、面板、支架等。这些材料的规格、型号和数量必须与设计要求完全一致，同时还要确保它们的质量符合行业标准。

此外，需要对所有施工工具进行检查和维护，确保它们处于最佳状态。特别是一些特殊工具，如线缆测试仪、光纤熔接机等，它们对于保证布线系统的性能和质量至关重要。在使用前必须对这些特殊工具进行严格的测试和校准，以确保它们能够正常工作并提供准确的数据。

3. 检查和测试设备

在综合布线系统的施工过程中，对设备的彻底检查和测试是确保工程质量和施工安全的关键步骤。

首先，检查机柜或机架上的各种零件，验证其型号、规格是否符合设计要求。各配线设备的部件应完整、安装到位，并且标志应统一、清晰。

其次，网络设备如交换机和路由器的性能也应进行测试，包括数据处理能力、传输速度和连接稳定性等，以便提前发现潜在问题并及时解决。

活动二 检查施工环境

1. 结构安全性检查

首先，检查配线间、设备间和工作区的土建工程是否已全部竣工。房屋地面应平整、光洁，门的高度和宽度应适于设备和器材的搬运，门锁和钥匙应齐全。同时，预留的地槽、暗管和孔洞的位置、数量和尺寸应符合设计要求。

此外，配线间和设备间应提供可靠的电源和接地装置。

其次，检查吊顶和地板的结构，确保它们具有足够的承重能力和耐腐蚀性。同时，检查结构的平整度和稳固性，以确保电缆和设备的顺利安装和运行。综合布线系统通常安装在建筑物的隐蔽位置，如吊顶、地板下或墙壁内。因此，确保这些位置的结构安全性是至关重要的。

最后，墙壁和穿墙孔洞也是综合布线系统的重要通道。在施工前需要对这些结构进行仔细检查，确保墙壁牢固可靠，穿墙孔洞的位置和尺寸符合设计要求。同时，还需要检查孔洞周边的密封情况，以防止水和灰尘进入布线系统。

2. 温度和湿度检测

温度对电缆的传输特性有显著影响。高温可能导致电缆的电阻增大，信号衰减增加，从而降低系统的传输效率；低温则可能使电缆变硬，增加断裂的风险。因此，控制施工环境的温度处于合适范围内是确保电缆性能稳定的关键。

湿度过高会导致电缆外皮和连接器等部件受潮，进而影响电气性能，甚至引发短路事故。此外，湿度过高还可能导致金属部件腐蚀，降低设备的使用寿命和可靠性。因此，严格控制施工现场的湿度是保障综合布线系统长期稳定运行的重要措施。

3. 电磁干扰检测

综合布线系统由多种电子元件组成，对电磁干扰极为敏感。电磁干扰不仅能影响数据的准确传输，还可能对设备造成永久性损害。

施工现场常见的电磁干扰源包括电动机、发电机、变压器、无线电发射器等。这些设备在工作时会产生电磁场，对周围的电子设备产生干扰。为了确保综合布线系统的正常运行，需要对这些干扰源进行详细分析并采取相应的防护措施。

4. 粉尘和污染物质检测

施工现场的粉尘和污染物质对综合布线系统的安装和维护都会产生不良影响。粉尘和污染物可能堵塞电缆管道、侵蚀电缆外皮，并影响设备的散热性能。

通过对施工现场空气中粉尘浓度的检测，可以评估粉尘对布线系统的影响程度。低浓度的粉尘环境要求更严格的清洁和防护措施，以确保电缆和设备的安全安装和运行。

活动三　了解施工管理要求

1. 施工团队管理

（1）制度管理

施工团队应该具备明确的组织结构和职责划分。项目经理负责全面协调和管理整个施工过程，包括人员分配、资源调配和进度控制等。各专业工程师、施工员、质量检查员、安全员等应明确自己的职责范围，并密切协作以确保施工顺利进行。

首先，为了确保施工团队的高效运作，必须建立一套完善的管理制度。这些制度应涵盖项目管理、质量管理、安全管理、成本管理等各个方面，形成一套科学、规范的管理流程。同时，根据实际施工情况，不断完善和优化这些制度，确保其适应性和有效性。

其次，需要建立严格的监督机制，对制度的执行情况进行定期检查和评估。对于不执行或违反制度的行为，应严肃处理，以维护制度的权威性和严肃性。

（2）人员管理

在施工团队组建时，应根据工程的特点和需求，精心选拔具有相关技能和经验的人才。同时，根据工程的不同阶段和任务量，合理配置人员数量和结构，确保团队的专业性和高效性。

建立科学的绩效管理体系，对团队成员的工作表现进行客观、公正的评价。根据绩效结果，给予相应的奖励和惩罚，以激励团队成员积极投入工作。同时，通过设立各种奖项和荣誉，表彰优秀员工，营造积极向上的工作氛围。

施工现场的安全与健康管理是人员管理的重要组成部分。建立健全的安全管理制度，加强现场的安全防护措施，确保每位施工人员都能在一个安全的环境中工作。同时，关注员工的健康状况，提供必要的医疗保障和福利，降低员工的健康风险。

2. 施工现场管理

（1）材料管理

材料到场后，应按照其性质和要求进行分类储存。对于易受潮、易受损的材料，应采取特殊的保护措施，如放置在干燥、通风的环境中，或使用防潮、防震材料进行包裹。同时，建立完善的材料台账，记录材料的入库、出库和使用情况，方便随时查询和追溯。

实行严格的材料领用制度，施工人员需凭领料单（表 5-2-1）领取所需材料，并签字确认。对于剩余或废弃的材料，应进行及时回收，减少浪费。同时，定期对现场材料进行盘点，与台账（表 5-2-2）进行核对，确保账物相符。

表 5-2-1　领料单

工程名称			领料单位			
批料人			领料日期		年　　月　　日	
序号	材料名称	材料编号	单位	数量	备注	

表 5-2-2　材料出入库台账

序号	材料名称	规格型号	单位	入库时间	入库数量	当前库存	领用记录	领用人
1	铜缆	CAT 6，500 m/卷	卷	2024-04-01	10	6	2024-04-10：领用 4 卷	
2	光纤电缆	单模，3 mm 芯径，2 km 卷	卷	2024-04-05	5	3	2024-04-15：领用 2 卷	
3	RJ-45 网络插座	白色，8P4C	个	2024-04-08	200	120	2024-04-18：领用 80 个	
...	...	...	...	...	...	...	...	...

定期对材料进行质量检查，发现问题及时处理。对于关键材料或重要部位，可采取抽检、送检等方式进一步把控质量。同时，与供应商保持良好的沟通，对于质量问题及时反馈并寻求解决方案。

（2）安全管理

在施工现场设置完善的安全设施，如警示标志、安全网、防护栏杆等，并配备必要的安全防护用品，如安全帽、安全带、防护眼镜等。同时，根据施工特点和风险评估结果，采取相应的安全防护措施，如深基坑支护、高空作业防护等。

实行定期和不定期的安全检查制度，对施工现场进行全面的安全隐患排查。对于发现的安全隐患，立即采取措施进行整改，并对整改情况进行跟踪复查。同时，加强对施工人员的安全监督，确保他们严格遵守安全操作规程。

定期组织施工人员进行安全教育和培训，提高他们的安全意识和自我保护能力。培训内容应涵盖安全法规、安全操作规程、应急预案等方面。对于新进场或转岗的员工，应进行专门的安全培训，确保他们掌握必要的安全知识和技能。

制订完善的应急预案，明确各类突发事件的应对措施和责任人。在发生事故时，迅速启动应急预案，组织救援力量进行抢险救援，并及时报告相关部门。同时，对事故原因进行调查分析，总结经验教训，防止类似事故再次发生。

（3）质量保证

实行严格的质量控制和检查制度。对于关键工序和重要部位，应进行重点监控和检查。采用先进的检测设备和方法，对工程质量进行精确测量。对于不合格的工程，坚决予以返工处理，并追究相关责任人的责任。

鼓励员工提出质量改进建议，并积极采纳和推广有效的改进措施。同时，关注行业动态和技术发展，引进新技术、新材料和新工艺，提高工程质量水平。

定期对工程质量进行评价，对优秀团队和个人给予表彰和奖励，激发员工的工作积极性和创造力。对于出现质量问题的团队或个人，进行批评教育并追究责任。

（4）成本控制

在施工前制订详细的成本预算和计划，明确各项费用的预算范围和控制目标。同时，将成本目标分解到各个施工环节和岗位，确保每个员工都明确自己的成本责任。

建立完善的成本核算体系，实时记录和归集各项费用支出。通过对比分析实际成本与预算成本的差异，找出成本偏差的原因，并采取相应措施进行调整。同时，定期开展成本分析会议，总结经验教训，优化成本结构。

采取多种成本控制措施，如降低材料损耗、提高劳动效率、优化施工方案等。对于超出预算范围的费用支出，应进行严格审批并进行原因分析。同时，鼓励员工提出降低成本的建议和措施，并积极采纳和推广有效的方法。

将成本控制纳入员工绩效考核体系，对成本控制效果明显的团队和个人给予表彰和奖励；对于未完成目标的团队或个人，进行批评教育并追究责任。通过奖惩机制激励员工积极参与成本控制工作。

3. 施工进度控制

在综合布线系统的施工过程中，制订详细的施工计划和进度安排是确保工程顺利进行的关键。首先需要根据前期的准备工作，制订一个全面的施工计划，包括每个施工阶段的时间表、资源分配以及重要节点的里程碑等重要信息。通过合理的时间安排和资源分配，可以确保施工有条不紊地进行，避免出现拖延或资源浪费的情况。某工程施工进度表见表5-2-3。

同时，还需要考虑到可能的风险因素及其应对策略。在施工过程中可能会出现各种不可预见的情况，如材料短缺、设备故障、人员变动等。因此，在制订计划时需要预留一定的缓冲时间和应急资源，以便及时应对这些风险因素并保证工程按计划顺利推进。

表 5-2-3　施工进度表

序号	任务名称	年　月													
		1	2	3	4	5	6	7	8	9	10	11	12	13	14	15
1	工地现场勘查及了解需求															
2	设计图纸及图表审核															
3	材料预算及采购															
4	设备采购、检测检验															
5	室内桥架、机柜安装															
6	管槽、线缆敷设															
7	工作区安装															
8	配线架安装、打接线缆、端口编号															
9	计算机网络系统安装及调试															
10	竣工验收、交付															

开拓视界

（1）芜湖鸿联通信工程有限公司高坠事故

事故概况：2021 年 7 月 9 日，芜湖鸿联通信工程有限公司在进行通信线路迁移施工时，发生一起高坠事故，1 人落入东澧河中溺水死亡。

事故原因：事故发生时为多云天气，疑因湿滑的工作环境加上高空作业缺乏充分的防护措施导致坠落。

教训与反思：此事故凸显了高空作业的安全风险，尤其是在户外复杂环境下进行综合布线施工时，需要严格按照高空作业安全规范执行，并配备完善的个人防护装备。

（2）深圳市大鹏新区某工地触电事故

事故概况：2024 年 3 月 4 日，该区某工地负一层机房出口附近发生触电事故，造成 1 人死亡。

事故原因：出事工人在地下室安装天花板固定杆的过程中，未提前掌握预埋管线分布，使用电钻打孔破坏到预埋的消防应急线路电源线的绝缘层，导致身体触碰到电线绝缘破损部位，最终触电死亡。

教训与反思：在综合布线施工过程中，凡是需要检查或接触电气线路时，必须确保按规定做好断电、防护措施。

一、选择题

1. 在施工前准备阶段，为施工提供了布线系统的整体规划和具体细节的文档是（　）。

　　A. 设计图纸　　　B. 材料清单　　　C. 施工规范　　　D. 质检报告

2. 在施工前准备阶段，制订施工计划和进度安排的目的是（　）。

　　A. 增加项目成本　　　　　　　　B. 确保工程按计划顺利进行

　　C. 推迟项目启动时间　　　　　　D. 减少施工人员的工作负荷

二、填空题

1. 在施工前准备阶段，熟悉和理解 ＿＿＿＿＿＿ 是施工的依据。

2. 施工前，必须对所有 ＿＿＿＿＿＿ 进行检查和维护，确保它们处于最佳状态。

三、判断题

1. 在综合布线系统的施工前准备阶段，结构安全性检查是不必要的。　　（　　）

2. 在施工前准备阶段，施工员与设计师、业主等及时沟通协调是必要的。

　　　　　　　　　　　　　　　　　　　　　　　　　　　　　　（　　）

任务三　　管道和桥架工程施工

在综合布线体系里，管道和桥架工程如同承载信息流通的通道，其施工质量直接影响着布线系统的性能和稳定性。管道和桥架工程施工是实现线缆有序敷设、保障信号传输的重要环节。本任务将介绍管道和桥架工程施工的具体方法、施工要求、常见问题及解决措施等，助你熟练掌握这一关键施工部分。

活动一　认识和选用线槽

线槽按照材质可分为金属线槽和塑料线槽两大类。金属线槽通常由钢材或铝材制成，表面常做喷塑或镀锌处理，以增强耐腐蚀性，如图 5-3-1 所示；塑料线槽则多由 PVC 或高分子聚合物材料制成，具有良好的绝缘性和防腐蚀性。

线槽的规格多种多样，根据实际需求选择合适的规格极为重要。线槽的尺寸主要包括宽度、深度和长度 3 个方面。其中，宽度一般为 40 mm、60 mm、80 mm、100 mm 等不同尺寸；深度一般为 20 mm、25 mm、30 mm、40 mm 等不同尺寸；长度则根据实际需求来定制，通常为 2 m、3 m、4 m 等不同长度。在选择规格时应考虑线缆的数量、直径和未来的扩展需求。

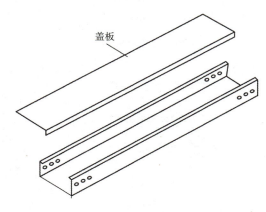

盖板

图 5-3-1　金属线槽

金属线槽的特点是机械强度高，耐火和散热性能较好，适用于大型工程或需要较高机械保护的场所。而塑料线槽轻便、成本低、绝缘性好，适用于普通办公或居住环境。不同材质和设计的线槽还可以具备防尘、防静电等特性。

安装注意事项

①规划布局：在安装前，应详细规划线槽的走向和布局，避免与热源、水源或潜在的干扰源相邻。合理布局可以减少电磁干扰，提高系统稳定性。

②安装高度：线槽的安装高度需要考虑便于维护和安全因素，一般建议距离地面至少 1.5 m，以避免人为损坏。

③固定方式：金属线槽通常使用支架或吊杆固定，而塑料线槽则可以使用自粘胶或螺钉固定。无论哪种方式，都应确保固定牢靠，避免因震动或外力导致的位移。

④转角和分支：在转角和分支处应使用专用的连接件，如阴角、阳角、三通、四通等，以确保线槽的完整和美观。线槽成品附件如图 5-3-2 所示。

⑤预留空间：预留足够的空间以便未来增加或更换线缆，通常建议线槽内的线缆填充率最大在 40% ～ 60%。

⑥防护措施：在安装过程中应注意对开口部分进行封闭或保护，避免尘埃和水进入，影响线缆性能。

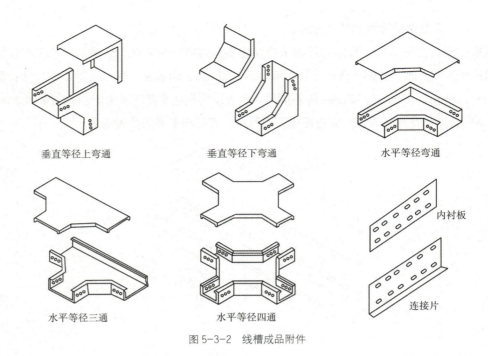

垂直等径上弯通　　　　　　　垂直等径下弯通　　　　　　　水平等径弯通

内衬板

连接片

水平等径三通　　　　　　　　水平等径四通

图 5-3-2　线槽成品附件

活动二 认识和选用线管

和线槽一样，线管也分为金属管与塑料管两大类。金属管通常由镀锌钢制成，具有很高的机械强度和良好的接地性能；塑料管则常采用 PVC 或 PE 材料，它们轻便、防腐蚀且具备一定的柔性。此外，还有阻燃型线管和自熄型塑料管等特种线管，用于有特殊要求的场合。

线管的规格通常根据内径来划分，常见的有 16 mm、20 mm、25 mm、32 mm 等规格。选择线管规格时，要考虑线缆的总截面积通常不应超过线管内截面的 40%，以留出足够的空间便于拉线和维护，以及预留一定的空间方便今后的升级和改动。

金属管的特点是强度高，抗压、抗冲击；优异的电磁屏蔽性能；良好的导热性和可塑性；需要接地以保证安全。塑料管的特点是重量轻，便于搬运和安装；绝缘性能好，无须额外接地；耐腐蚀，适应多种环境；部分塑料管可以适度弯曲，增加布线的灵活性。

安装注意事项

①规划布局：在施工前需详细规划线管的路径和布局，尽量避开热源、水源及其他可能对线缆造成损害的区域。合理布局可以减少电磁干扰并提高系统稳定性。

②固定方式：线管应使用专用卡子、吊杆或支架进行固定，固定间距应符合规范要求，避免因距离过大导致线管松动。特别是在转角和连接处，必须牢固支撑。

③弯曲半径：线管弯曲时应保证足够大的弯曲半径，通常为线管内径的 6 倍以上，以防损伤线缆。塑料管虽然有一定的柔性，但也应注意不要过度弯曲。

④连接与接头：使用专用的连接件以确保线管系统的完整性和密封性。连接处应紧密无泄漏，防止灰尘和水分进入。线管成品连接头如图 5-3-3 和图 5-3-4 所示。

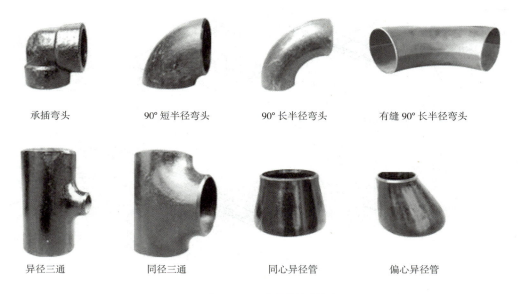

| 承插弯头 | 90° 短半径弯头 | 90° 长半径弯头 | 有缝 90° 长半径弯头 |
| 异径三通 | 同径三通 | 同心异径管 | 偏心异径管 |

图 5-3-3　金属线管连接头

图 5-3-4　PVC 线管连接头

⑤预留长度：在安装时应预留一定的线管长度，以便于未来的调整和扩展。同时考虑日后的维护工作，预留足够的空间以便更换或增加线缆。

⑥防护措施：对于经过天花板或地板下方等隐蔽区域的线管，应确保所有开口均已封闭或采用适当的保护措施，防止小动物侵入或积灰。

活动三　了解桥架

在综合布线工程中，由于桥架具有结构稳定、施工方便、布局灵活、安全可靠、防尘防火、易于维护、使用寿命长等特点，因此被广泛应用于建筑物内主干线的安装施工，效果如图 5-3-5

和图 5-3-6 所示。

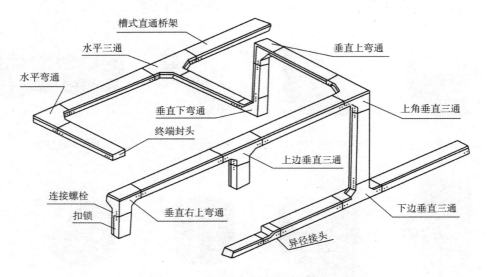

图 5-3-5　槽式桥架空间布置示意图

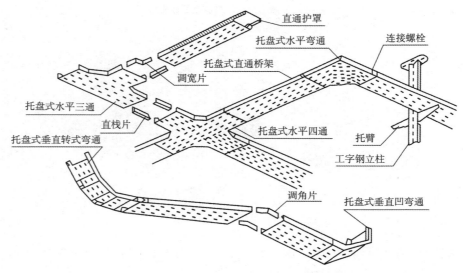

图 5-3-6　托盘式桥架空间布置示意图

桥架按照材料和结构的不同，可分为以下几种类型：

•金属桥架：通常由钢材制成，表面处理采用镀锌、喷涂等方式，适用于大多数环境，特别是需要较强机械强度的场合。

•铝合金桥架：质量较轻，抗腐蚀性好，常用于需要减轻质量或具有腐蚀性的环境中。

•玻璃钢桥架：具有良好的绝缘性能和抗腐蚀能力，适用于化工等特殊行业。

•塑料桥架：轻便、成本低，但承载能力相对较弱，多用于室内轻型布线。

桥架的规格主要依据宽度和高度来划分，常见的有 100 mm×50 mm、200 mm×100 mm 等规格，长度则根据工程需求定制，一般标准长度为 2 m/ 根。选择桥架规格时，需根据电缆的数量和布局来确定，以确保电缆易于敷设且有足够的空间进行散热和维护。

任务检测:

一、选择题

1. 当桥架施工时需要转弯或分支，以下不是用于桥架系统转弯和分支的部件是（ ）。

A. 阴角　　　　　B. 阳角　　　　　C. 三通　　　　　D. 直接

2. 在选择桥架材料时，以下不适合用于需要减轻质量或具有腐蚀性的环境中的是（ ）。

A. 金属桥架　　　B. 铝合金桥架　　　C. 玻璃钢桥架　　　D. 塑料桥架

二、判断题

1. 玻璃钢桥架由于其良好的绝缘性能和抗腐蚀能力，适用于化工等特殊行业。

（ ）

2. 不管有没有防火要求，尽量选择高防火标准的桥架材料，防范于未然。

（ ）

实训任务　制作 PVC 线槽工艺作品

PVC 线槽是综合布线中常用的线缆敷设保护装置，它能够有效地整理和保护线缆，确保线路的安全和美观。制作 PVC 线槽工艺作品时需注重工艺的规范性、线槽的稳定性和整体的美观性。本实训要求大家学会制作直接、直弯、三通、阴角、阳角 5 种 PVC 线槽工艺作品。

微课

PVC 线槽
工艺

➡ **实训要求**

①掌握基本的 PVC 线槽加工工艺；

②能够准确地测量和标记 PVC 线槽，并进行直线和角度切割；

③能够正确并安全地使用手锯、线槽剪等工具；

④确保对所有切割和连接处进行光滑处理，无毛刺，连接牢固。

➤ 注意事项：

①在使用锯弓前，检查锯条是否紧固，确保锯条锋利无损伤；

②保持锯弓稳定，避免在切割过程中突然施力或改变方向，以免造成锯条断裂或跳锯伤人；

③剪刀和锯弓刀口都很锋利，务必注意使用过程中的安全；

④工作区域应保持整洁有序，以减少意外发生的风险。

➤ 实训内容

（1）制作直接 ①测量并标记需要切割的 PVC 线槽。 ②使用锯弓沿标记处直线切割。 ③用砂纸打磨边缘，确保无毛刺。 ④将切割好的 PVC 线槽与另一段线槽对齐固定。	
（2）制作直弯 ①测量并标记线槽的 45° 切割线。 ②使用锯弓或线槽剪沿标记处直线切割，创建一个平整的断面。 ③另一段线槽上做相反方向的切割。 ④将两段线槽拼接，形成直弯。	
（3）制作三通 ①测量并标记出三通的位置。 ②使用锯弓或线槽剪在标记处精确切割出一个与线槽宽度相匹配的矩形（简便做法）。 ③将另一段线槽端部切割成相应的尺寸，使其能够插入矩形口。 ④将两段线槽拼接，形成三通。	
（4）制作阴角／阳角 ①测量并标记线槽的 45° 切割线。 ②沿线槽的内侧切割线切割，形成一个斜面。（阳角沿外侧切割） ③另一段线槽上做相反的斜面切割。 ④将两段线槽拼接，形成阴角。	

制作 PVC 线槽工艺作品实训　学生互评表

序号	观察点	观察结果（完成则打√）		评判结果
1	能正确认识并选择 PVC 线槽、锯弓、线槽剪、直角尺、水平尺等实训工具和材料			
2	能正确在 PVC 线槽上画线			
3	能正确辨认锯齿方向（齿尖朝下）			
4	锯弓操作姿势正确（弓步、略前倾、双手分工）			
5	锯弓操作过程正确（起锯点、先轻后重、节奏）			
6	作品缝隙小于 3 mm（逐步严格到 1 mm）			

项目六　综合布线工程施工

项目背景

在建筑行业的快速发展中，综合布线工程施工的复杂性和专业性日益凸显。施工过程中的任何疏忽都可能导致网络故障、系统不稳定甚至安全隐患，给企业和用户带来巨大损失。

项目任务

前期工作已经完成，在本项目中，你将负责本商业中心综合布线系统的施工。该中心包括零售店铺、办公楼以及多功能会议区，每一部分都有其独特的网络需求。面对这种复杂多变的需求，需要你深入理解和应用综合布线系统的基础理论和施工工艺，以确保整个园区内数据传输的安全和高效。

学习目标

➤ 知识目标

（1）了解综合布线工程施工的工艺流程和技术要点；

（2）理解施工过程中的质量控制和安全管理要求；

（3）掌握各类布线施工工具的使用方法和维护知识。

➤ 技能目标

（1）能按照规范进行综合布线工程的施工操作；

（2）能处理施工中的常见问题和故障；

（3）能对施工质量进行自我检查和纠正。

➤ 素质目标

（1）吃苦耐劳，认真完成施工任务；

（2）遵守施工规范，保证工程质量和安全；

（3）善于总结经验，不断提高施工技能。

任务一 工作区子系统施工

在综合布线的架构中，工作区子系统是用户直接操作和使用的区域，它是信息传递的前沿阵地，对用户的体验和工作效率有着直接影响。本任务将介绍工作区子系统施工的要点、流程、设备安装规范及质量检验标准等，帮助你打造高效、便捷且符合用户需求的工作区环境。

活动一 工作区规划与设计

《综合布线系统工程设计规范》（GB 50311—2016）对工作区的安装工艺提出了具体要求。安装在地面上的接线盒应防水和抗压，安装在墙面或柱子上的信息插座底盒、多用户信息插座盒及集合点配线箱体的底部离地面的高度宜为 300 mm，安装在工作台侧隔板或临近墙面上的信息底盒距地宜 1.0 m。每一个工作区至少应配置一个 220 V 的交流电源插座，电源插座应选用带保护接地的单相电源插座，保护接地与零线应严格分开。

1. 工作区子系统的范围

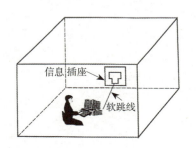

图 6-1-1 工作区子系统

在综合布线系统中，一个独立的需要安装终端设备的区域称为一个工作区（图 6-1-1）。综合布线工作区由终端设备、与水平子系统相连的信息插座及连接终端设备的软跳线构成。例如，对于计算机网络来说，工作区就是由计算机、RJ-45 接口信息插座以及双绞线跳线构成的系统；对于电话语音系统来说，工作区就是由电话机、RJ-11 接口信息插座及电话软跳线构成的系统。

工作区子系统就是整个网络系统的末梢，其目的是实现工作区终端设备与配线（水平）子系统之间的连接。工作区常用设备包括计算机、网络集散器、电话、报警探头、摄像机、监视器、音响等。

2. 工作区子系统的设计要点

工作区子系统的设计相对比较简单，经过与用户沟通，了解系统用途和建筑物结构特点后，主要确定信息点的数量、信息插座的数量及信息插座的安装方式和类型。在实际网络布线工程中，一般按照楼层布线面积或区域配置来确定信息点的数量。

（1）工作区的面积

建筑物的功能类型较多，大体上可分为商业、体育、医院、学校、交通、住宅、通用工业等类型。因此对工作区面积的划分应根据应用的场合做具体的分析，进而确定每个工作区内应安装信息点的数量，具体见表6-1-1。

表6-1-1　工作区面积参考

建筑物类型及功能	工作区面积 /m²
网管中心、呼叫中心等终端设备较密集的场地	3 ~ 5
办公区	5 ~ 10
学校教室、实验室、档案馆	20 ~ 50
商场、展览区	20 ~ 60
航站楼、铁路客运公共设施区	50 ~ 100

（2）工作区的规模

工作区的设计要确定每个工作区内应安装信息点的数量。根据相关设计规范的要求，一般来说，每个工作区可按每5 ~ 10 m² 设置一部电话或一台计算机终端（或者两者都有）来确定信息点的数量，也可根据用户提出的要求并结合系统的设计等级确定信息插座安装的数量和种类。除目前的需求以外，还应考虑为将来的扩充而留出一定的余量。

（3）工作区信息插座的类型

信息插座必须具有开放性，即能兼容多种系统的设备连接要求。一般来说，工作区应安装足够的信息插座，以满足计算机、电话机、传真机、电视机等终端设备的安装使用。例如，工作区配置 RJ-45 信息插座以满足计算机连接，配置 RJ-11 信息插座以满足电话机和传真机等电话话音设备的连接，配置有线电视 CATV 插座以满足电视机的连接。

（4）工作区信息插座安装的位置

考虑到信息插座要与建筑物内的装修相匹配，工作区的信息插座应安装在距离地面不低于300 mm 的位置，与电源插座的距离不少于 200 mm，而且信息插座与计算机设备的距离应保持在 5 m 以内，如图6-1-2 所示。在一些场合，要求信息插座安装在地板上，应选择翻盖式或跳起式地面插座，

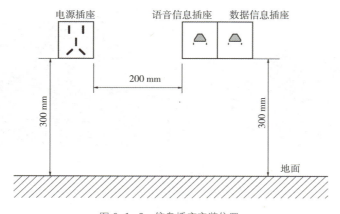

图6-1-2　信息插座安装位置

要注意密封、防水、防尘，并且每个工作区在信息插座附近应考虑设置电源插座。同时，信息插座必须具有开放性，兼容多种系统，尽可能满足计算机、电话机、传真机、电视机等终端的使用。

（5）信息插座的数量

工作区信息点的数量主要根据用户的具体需求来确定，对于用户不能明确信息点数量的情况，应根据工作区设计规范来确定。如果用户对工程造价不敏感，考虑到系统未来的可扩展性，应向用户推荐每个工作区配置两个信息点。确定了工作区应安装的信息点数量后，信息插座的数量就很容易确定了。如果工作区配置单孔信息插座，那么信息插座数量应和信息点数量相当。如果工作区配置双孔信息插座，那么信息插座数量应为信息点数量的一半。

信息模块的需求量一般为：$A = B \times (1 + 3\%)$，式中 A 表示信息模块的总需求数，B 表示信息点的总数，3% 表示预留的余量。

RJ-45 接头的需求量一般为：$a = b \times 4 \times (1 + 15\%)$，式中 a 表示 RJ-45 接头的总需求量，b 表示信息点的总数，15% 表示预留的余量。

例：某网络工程中，已知信息点有 100 个，共需要多少信息模块和 RJ-45 接头？

根据公式，信息模块 $= 100 \times (1 + 3\%) = 103$ 个；

RJ-45 接头 $= 100 \times 4 \times (1 + 15\%) = 460$ 个。

活动二 工作区施工

工作区信息插座面板分为暗埋和明装两种，有以下 3 种安装方式：①安装在地面上；②安装在分隔板上；③安装在墙上。对于暗埋的底盒，将其嵌入墙面内；而明装的底盒则直接安装在墙面上。

通常情况下，新建建筑采用暗埋方式预埋信息插座，旧建筑增设综合布线时则采用明装方式安装信息插座，安装效果如图 6-1-3 所示。工作区子系统的施工应遵循两大原则：

①线槽布局需合理且美观；

②信息点的种类和数量应满足实际需求。

图 6-1-3 工作区施工完成后的效果图

1. 底盒安装

网络信息点插座底盒（图6-1-4）按材料组成，可分为金属底盒和塑料底盒；按安装方式，可分为暗装底盒和明装底盒；按配套面板规格，可分为86系列底盒和120系列底盒。

（a）明装底盒

（b）暗装塑料底盒

（c）暗装金属底盒

图6-1-4　信息插座底盒

暗装塑料底盒通常在土建工程施工时安装，与穿线管端头连接并固定在建筑物墙内或立柱内，外沿低于墙面10 mm，中心距地面高度为300 mm或按施工图纸规定的高度安装。安装后，底盒必须用钉子或水泥砂浆固定于墙内，如图6-1-5所示。

图6-1-5　墙面暗装

在扩建、改建和装饰工程中安装网络面板时，为了美观一般宜采用暗装底盒。必要时，在墙面或地面开槽安装，也可根据用户需求进行明装，如图6-1-6所示。

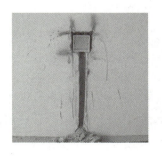

图6-1-6　墙面装修安装

各种底盒安装一般遵循以下步骤：

①检查产品外观，特别是确认底盒上的螺丝孔无异常。

②移除底盒挡板，根据进出线方向和位置，从底盒预设孔中取掉挡板。

③固定底盒。明装底盒应按设计要求使用膨胀螺丝直接固定于墙面；暗装底盒则先用专用管接头将线管与底盒连接，然后用膨胀螺丝或水泥砂浆固定。

④成品保护。暗装底盒一般在土建过程中进行，故安装完成后必须采取保护措施，尤其是螺丝孔，以防水泥砂浆灌入螺孔或穿线管内。常用方法是在底盒螺丝孔和管口塞纸团，也有使用胶带纸保护螺丝孔的做法。

2. 模块及面板安装

（1）模块安装

网络数据模块和电话语音模块的安装方法基本相同，一般安装顺序如下：准备材料和工具→清理和标记→剪掉多余线头→剥线→压线→压防尘盖。

模块安装一般按照下列步骤进行：

①准备材料和工具，主要包括网络数据模块、电话语音模块、标记材料、剪线工具、压线工具等。将施工所需的全部材料和工具装入一个工具箱（包）内，随时携带，避免在施工现场随意放置。

②清理和标记。在实际工程施工中，底盒安装和穿线较长时间后才能开始安装模块。因此，首先需要清理底盒内堆积的水泥砂浆或垃圾，然后轻轻取出双绞线，清理表面的灰尘并重新编号标记。标记位置距离管口 60 ~ 80 mm，注意做好新标记后才能拆除原有标记。

③剪掉多余线头。由于双绞线的端头可能已进行捆扎或缠绕且管口预留较长，双绞线内部结构可能已受损，因此在安装模块前需剪掉多余部分，留出 100 ~ 120 mm 长度用于压接模块或检修。

④剥线。使用专业剥线器剥去双绞线的外皮，长度为 20 ~ 30 mm，以方便后续卡线。特别注意不要损伤线芯和线芯绝缘层。

⑤压线。剥线完成后，按照模块结构将 8 芯线逐一压接在模块中。压接方法必须正确，确保一次压接成功。压接完成后，剪掉多余的线头。

⑥装好防尘盖。模块压接完成后，将模块卡接在面板中，然后立即安装面板。若压接模块后不能及时安装面板，必须对模块进行保护，一般方法是在模块上套一个塑料袋，以避免土建墙面施工时受到污染。

安装模块的过程详见项目一的实训活动二。

（2）面板安装

面板安装是信息插座的最后一道工序，应在端接模块后立即进行以保护模块。安装时将模块卡接入面板接口中。若双口面板上有网络和电话插口标记，则按标记安装；若双口面板无标记，宜将网络模块安装在左边，电话模块安装在右边，并在面板表面进行标记。

1. 模块和面板安装时间

在工作区子系统模块、面板安装后，遇到过破坏和丢失的情况。其主要原因是在没有进行室内粉刷就先将模块、面板安装到位了。在室内粉刷时，面板有可能被破坏或取走。所以，一定要等建筑物内部墙面粉刷结束后，再安排施工人员到现场进行信息模块安装。

2. 携带工具

安装信息插座时，要根据不同的情况，携带配套的工具。

安装模块时，需要携带的材料有信息模块、标签纸、签字笔或钢笔、透明胶带或专用编号线圈；携带的工具有斜口钳、剥线器、打线钳。

安装面板时，需要携带的材料有面板、标签；携带的工具有十字口螺丝刀。在已建成的建筑物中施工时，信息插座的底盒、模块和面板是同时安装的，需要携带的材料有明装底盒、信息模块、面板、标签纸、签字笔或钢笔、透明胶带或专用编号线圈、木楔子；携带的工具有电钻、斜口钳、十字螺丝刀、剥线器、RJ-45 压线钳、打线钳。

3. 标签

在安装模块和面板时，有时会忽略在面板上贴标签，给以后开通网络造成麻烦。所以，在完成信息插座安装后，一定要在面板上贴上标签，内外必须一致，便于以后的使用和维护。

4. 成品保护

暗装底盒一般由土建施工员在建设中安装，因此在底盒安装完毕后，必须进行保护（在底盒内塞纸团），防止水泥砂浆灌入穿线管内，同时对安装螺丝孔进行保护（用胶带纸保护），避免被破坏。

模块压接完成后，将模块卡接在面板中，然后立即安装面板。如果压接模块后不能及时安装面板，必须对模块进行保护，一般是在模块上套一个塑料袋，避免土建施工员在墙面施工时污染和损坏模块。

活动四 / 编制各种统计表

1. 编制点数统计表

编制工作区信息点数量统计表的目的是快速准确地统计建筑物的信息点。设计人员为了快速、方便地完成制表，一般使用电子表格软件来完成。编制信息点数量统计表的要点如下：

①表格设计合理。要求表格打印成文本后，表格的宽度和文字大小合理，文字不能太大或太小。

②数据正确。每个工作区都必须填写数字，要求数量正确，没有遗漏信息点和多算信息点。

对于没有信息点的工作区或者房间填写数字0，表明已经分析过该工作区。

信息点点数表的编制

③文件名称正确。作为工程技术文件，文件名称必须准确，能够直接反映该文件的内容。

④签字和日期正确。作为工程技术文件，编写、审核、审定、批准等处的人员签字非常重要，如果没有签字就无法确认该文件的有效性，也没有人对文件负责，更没有人敢使用。日期直接反映文件的有效性，因为在实际应用中，可能会经常修改技术文件，一般是以最新日期的文件替代以前日期的文件。

信息点数量统计表的具体编制步骤和方法如下：

①创建工作表。

②编制表格。首先在表格第一行填写项目名称和建筑物编号，在第二行填写房间号；然后编制列，第一列为楼层编号，第二列为信息点类别，最右边列为合计。

③填写数据和语音信息点数量。在每个工作区首先确定网络数据信息点的数量，然后考虑语音信息点的数量，同时还要考虑其他智能化和控制设备的需要，如在门厅要考虑指纹考勤机、监控系统等网络接口。表格中对于不需要设置信息点的位置不能空白，而是填写0，表示已经考虑过这个点。

④合计数量。首先按照行统计出每个类型的点数，然后进行合计，最后注明编制、审核及时间。

⑤打印和签字盖章。完成信息点数量统计表的编写后，打印该文件，并且签字确认，正式提交时必须盖章。

信息点数量统计表（表6-1-2）在工程实践中是常用的统计和分析方法，也适合监控设备比较多的各种工程应用。

表6-1-2　信息点数量统计表

项目名称：×××公司×××工程　　　　　　　　　　　　　　　　　建筑物编号：

楼层编号	信息点类别	大厅（DT）	接待处（JDC）	餐厅（CT）	咖啡厅（KFT）	库房（KF）	合计
一楼	数据						
	语音						
	AP						
	监控						
	CATV						
n楼							
信息点合计							

编制：　　　　　　审核：　　　　　　　　　　　　　日期：　年　月　日

2. 编制端口对应表

信息点端口对应表的编制

信息点端口对照表（表6-1-3）是一张记录端口信息与其所在位置对应关系的二维表。根据平面施工图以及系统设计制作综合布线系统端口对照表，用以表示机柜配线架各个端口和信息点编号的对应关系以及信息点编号和其物理位置的关系。

表 6-1-3　信息点端口对应表

项目名称：×××公司×××工程　　　　　　　　　　　　　　　　建筑物编号：

序号	信息点端口编号	楼层机柜编号	配线架编号	配线架端口编号	插座插口编号	房间编号
1						
2						
3						
4						
5						
n						

编制：　　　　　　审核：　　　　　　　　　　　　　　　　　日期：　　年　月　日

3. 材料统计表

材料统计表（表 6-1-4）是用于收集、整理和展示所需施工材料数据的表格。在工程管理中，材料统计表尤为重要。例如，在综合布线工程中，材料统计表不仅列出了所需的各种施工材料，还详细记录了其规格、数量等，它是工程预算的必要基础。

微课

材料统计表的编制

表 6-1-4　材料统计表

项目名称：×××公司×××工程　　　　　　　　　　　　　　　　建筑物编号：

序号	材料名称	材料规格/型号	单位	数量	备注
1					
2					
3					
4					
5					
6					
7					
8					
9					
n					

编制：　　　　　　审核：　　　　　　　　　　　　　　　　　日期：　　年　月　日

一、选择题

1. 工作区子系统在建筑中的作用是（　　）。

A. 实现信息传输和设备互联的关键　　　　B. 提供电力供应

C. 负责建筑物的结构安全　　　　　　　　D. 负责建筑物的美观设计

2. 根据《综合布线系统工程设计规范》(GB 50311—2016)，安装在墙面或柱子上的信息插座底盒底部距离地面的高度应为（　　）。

A. 100 mm　　　　B. 200 mm　　　　C. 300 mm　　　　D. 400 mm

二、判断题

1. 信息插座必须具有开放性，即能兼容多种系统的设备连接要求。（　　）

2. 工作区子系统的设计和施工不需要考虑到未来的技术升级与可能的扩展。

（　　）

三、简答题

1. 简述在工作区子系统设计中，如何确定信息插座的数量和类型。

2. 简述在新建建筑物中施工时，安装信息插座面板所需的材料和工具。

任务二　　水平子系统施工

　　水平子系统在综合布线中起着关键的连接作用，它将工作区与电信间紧密相连。其布线布局复杂，线路较长，转角众多，且施工成本较高，对网络电缆的拉力承受要求也较高。水平子系统的施工质量对信息传输的速度和稳定性有着重要影响。本任务将介绍水平子系统施工的具体步骤、技术要点、注意事项等，帮助你高质量地完成水平子系统的施工。

活动一　水平子系统规划与设计

　　水平子系统缆线应采用在吊顶、墙体内穿管，设置金属密封线槽（布放屏蔽线），开放式（电缆桥架、吊挂环）等方式敷设。当缆线在地面布设时，应根据环境条件选用地板下线槽、网络地板、高架（活动）地板布线等安装方式。布线效果如图6-2-1所示。

图6-2-1　水平子系统工程实景

1. 水平子系统的范围

水平子系统是综合布线的一部分，从工作区的信息插座延伸到楼层配线间管理子系统，如图6-2-2所示。水平子系统由与工作区信息插座相连的水平布线电缆和光缆等组成。水平子系统的线缆通常沿楼层平面的地板或房间吊顶布放。

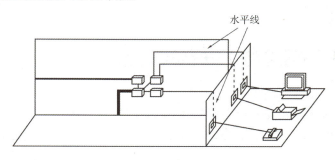

图6-2-2　水平子系统

水平子系统的设计涉及水平布线系统的网络拓扑结构、布线路由、管槽设计、线缆类型选择、线缆长度确定、线缆布放、设备配置等内容。水平子系统往往需要敷设大量的线缆，因此如何配合建筑物的装修进行水平布线，以及布线后如何更方便地进行线缆维护，也是设计过程中应注意考虑的问题。

2. 水平子系统的设计要点

（1）基本要求

根据综合布线标准及规范要求，水平子系统应根据下列要求进行设计：

①根据工程提出的近期和远期终端设备的设置要求、用户性质、网络构成及实际需要，确定

建筑物各层需要安装信息插座模块的数量及其位置，配线应留有扩展余地。

②根据建筑物的结构、用途，确定水平干线子系统路由设计方案。对于有吊顶的建筑物，水平走线尽可能走吊顶；一般建筑物可采用地板管道布线方法。

③水平子系统的线缆应采用非屏蔽或屏蔽 4 对双绞线，在必要时也可以采用室内光缆。

④水平子系统的布线长度不应超过 90 m，一般情况下只有个别信息点的布线长度会接近这个最大长度，平均长度在 60 m 左右。

⑤一条 4 对双绞线应全部固定终结在一个信息插座上，原则上不允许将一条 4 对双绞线终结在两个或更多的信息插座上。

⑥水平子系统的线缆一般应布设在线槽内，线缆布设数量应考虑其所占用的线槽截面积不超过 70%，以方便以后线路扩充的需求，同时考虑线缆之间的间隙和拐弯，浪费空间为 40% ~ 50%。

⑦为方便以后的线路管理，布放过程中应在线缆两端贴上标签，以标明线缆的起始位置和目的地。

（2）拓扑结构

水平子系统的网络拓扑结构通常为星型结构。每个信息点都必须通过一根独立的线缆与楼层电信间的配线架连接，然后通过跳线与交换机连接。楼层配线架 FD 为主节点，各工作区信息插座 TO 为分节点，二者之间采用独立的线路相互连接，形成以 FD 为中心，向 TO 辐射的星型网络。这种结构可以对楼层的线路进行集中管理，也可以通过管理间的配线设备进行线路的灵活调整，便于线路故障的隔离和诊断。

活动二　水平子系统施工准备与实施

水平子系统的线缆虽然是综合布线系统中的分支部分，但它具有面最广、量最大、具体情况多且复杂等特点，涉及的施工范围几乎遍布建筑的所有角落。在水平布线施工过程中，还需要注意以下几点：

①电缆应该总是与墙平行铺设。

②电缆不能斜穿天花板。

③在选择布线路由时，应尽量选择施工难度最小、最直和拐弯最少的路径。

④不允许将电缆直接铺设在天花板的隔板上。

1. 水平子系统布线距离的计算

对于水平子系统线缆长度的计算，当楼层信息点的分布比较均匀时，计算方法一般有两种。

（1）先算单根长度

①根据布线方式和走向测定信息插座到楼层配线架的最远 F 和最近 N 的距离。

②确定线缆的平均长度 $= \dfrac{F+N}{2} + 3$（3 为两端预留的线缆端接长度）。

③根据所选厂家每箱线缆的标称长度（一般为 1 000 ft ≈ 305 m），取整计算每箱线缆可含平均长度线缆的根数。

④每个信息插座与楼层配线架之间必须布设一条线缆，因此每个插座就代表一条平均长度的线缆，根据信息插座的总量就可以计算出所需要线缆的箱数。

例：某综合布线工程共有 400 个信息点，布点比较均匀，距离 FD 最近的信息插座的布线长度为 8 m，最远插座的布线长度为 82 m，请估算出用线量。

线缆平均长度 = $\frac{8+82}{2}$ +3=48（m）。

每箱线可含平均长度线缆的根数 = $\frac{305}{48}$ =6.35。

向下取整，为 6 根，则共需线缆箱数 = $\frac{400}{6}$ =66.67（箱），

向上取整为 67 箱。

（2）整层计算

楼层线缆需求量的估算要考虑线路拐弯、中间预留、线缆缠绕、人工误操作等诸多因素，必须留有一定的富余量。楼层用线量整层计算公式： $C=[0.55 (F+N) +6] \times M$。 其中，$C$ 表示楼层用线量，F 表示最远的信息插座离楼层配线间的距离，N 表示最近的信息插座离楼层配线间的距离，M 表示楼层的信息插座的数量，6 表示端对容差 (施工时线缆的损耗、线缆布设长度误差等因素)。

例：已知某一楼宇共有 5 层，每层信息点数为 20 个，每个楼层的最远信息插座离楼层管理间的距离均为 70 m，每个楼层的最近信息插座离楼层管理间的距离均为 10 m，请估算出整座楼的用线量。

根据题意得知，M=20，F=60 m，N=10 m，因此，每层楼用线量为：

$C=[0.55 \times (70+10) +6] \times 20= 1 000$（m）

整座楼共 5 层，因此整座楼的用线量为：S=1 000 × 5 =5 000（m）

共需线缆箱数 =5 000/305=16.4（箱）

向上取整为 17 箱。

2. 水平子系统管槽内线缆数量计算

在配线布线系统中，线缆必须安装在线槽或线管内。

①在建筑物墙或地面内暗埋布线时，一般选择线管，不允许使用线槽。

②在建筑物墙面明装布线时，一般选择线槽，很少使用线管。

③在楼道或吊顶上长距离集中布线时，一般选择桥架。

选择线管时，建议使用满足布线根数需要的最小直径线管，这样能够降低布线成本。

线缆布放在管与线槽内的管径与截面利用率，应根据不同类型的线缆做不同的选择。管内穿放大对数电缆或 4 芯以上光缆时，直线管路的管径利用率应为 50% ~ 60%，弯曲管路的管径利用率应为 40% ~ 50%。管内穿放 4 对对绞线或 4 芯光缆时，截面利用率应为 25% ~ 35%，布放缆线在线槽内的截面利用率应为 30% ~ 50%。常规通用管槽内布放线缆的最大条数可以按照表 6-2-1 及表 6-2-2 进行选择。

表 6-2-1　线槽规格型号与容纳双绞线最多条数表

线槽 / 桥架类型	线槽 / 桥架规格 /mm	容纳双绞线最多条数	截面利用率 /%
PVC	20×10	2	30
PVC	25×12.5	4	30
PVC	30×16	7	30
PVC	39×18	12	30
金属、PVC	50×25	18	30
金属、PVC	60×22	23	30
金属、PVC	75×50	40	30
金属、PVC	80×50	50	30
金属、PVC	100×50	60	30

表 6-2-2　线管规格型号与容纳双绞线最多条数表

线管类型	线管规格 /mm	容纳双绞线最多条数	截面利用率 /%
PVC、金属	16	2	30
PVC	20	3	30
PVC、金属	25	5	30
PVC、金属	32	7	30
PVC	40	11	30
PVC、金属	50	15	30
PVC、金属	63	23	30
PVC	80	30	30
PVC	100	40	30

3. 水平子系统的布线曲率半径

布线中如果不能满足最低弯曲半径要求，双绞线电缆的缠绕节距会发生变化，严重时，电缆可能会损坏，直接影响电缆的传输性能。例如，在铜缆系统中，布线弯曲半径直接影响回波损耗值，严重时会超过标准规定值。因此，在设计时应尽量避免和减少弯曲，增加电缆拐弯处的弯曲半径。

拉线过程中，线缆应尽量沿管中心线相同的角度和方向，如图 6-2-3 所示，以现场允许的最小角度按照 A 方向或者 B 方向拉线，保证线缆没有拐弯，保持整段线缆的曲率半径比较大，这样不仅施工容易，而且能避免线缆护套和内部结构的破坏。同时不要使缆线在管口形成 90° 弯折，如图 6-2-4 所示，这样不仅施工拉线困难，而且容易造成线缆护套和内部结构的破坏。

图 6-2-3　正确的拉线方式

图 6-2-4　错误的拉线方式

施工过程中，必须直接手持拉线，而不能用在手中或者工具上缠绕的方法拉线，也不能用钳子夹住中间线缆拉线，因为这样会导致曲率半径非常小，夹持部分结构变形，直接破坏线缆内部结构或护套。

如果线缆距离很长或拐弯很多，手持拉线非常困难时，可以将线缆的端头捆扎在穿线器端头或铁丝上，用力拉穿线器或铁丝。线缆穿好后将受过捆扎的线缆剪掉。

穿线时，一般从信息点向楼道或楼层机柜穿线，一端拉线，另一端必须有专人放线和护线，保持线缆在管入口处的曲率半径比较大，避免线缆在入口或箱内打折形成死结或曲率半径很小。

4. 水平子系统的敷设

（1）地板下的布线

在综合布线系统中，地板下水平布线方法有多种，这些布线方法中除原有建筑在楼板上面直接敷设导管的布线方法外，其他类型的布线方法都是设有固定地板或活动地板。因此，这些布线方法都是比较隐蔽、美观、安全及方便的。例如，新建建筑物主要采用地板下预埋管路布线法、蜂窝状地板布线法和地面线槽布线法（线槽埋放在垫层中，如图 6-2-5 所示），它们使用管路或线槽甚至地板结构都是在楼层的楼板中与建筑物同时建成的。地板下布线的具体要求：

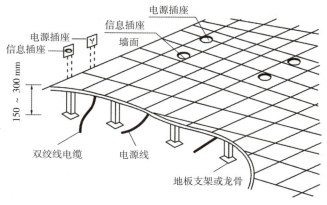

图 6-2-5　防静电地板下敷设线缆

①不论何种地板下布线方法,除选择线缆的路由应短捷平直、装设位置安全稳定以及安装附件结构简单外,更要便于今后的维护检修和有利于扩建改建。

②敷设线缆的路由和位置应尽量远离电力、给排水和燃气等管线设施,以免遭受这些管线的危害而影响通信质量。水平线缆与其他管线设施间的最小净距与垂直干线子系统的要求相同。

③在水平子系统中有不少支撑和保护线缆的设施,这些支撑和保护方式是否适用,产品是否符合工程质量的要求,对于线缆敷设后的正常运行将起重要作用。

（2）吊顶内布线

水平布线另一种常见的方法是在吊顶内布线(图6-2-6和图6-2-7),一般有装设槽道(桥架)和不设槽道两种方法。装设槽道布线方法是在吊顶内利用悬吊支撑物装置槽道或桥架,这种方法会增加吊顶所承受的重量;不设槽道布线方法是利用吊顶内的支撑柱(如T形钩、吊索等支撑物)来支撑和固定线缆。

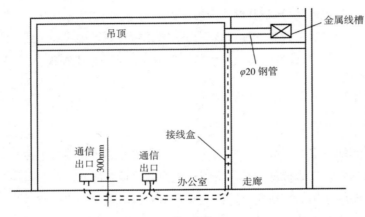

图6-2-6 吊顶内敷设线缆

图6-2-7 吊顶内敷设线缆

吊顶内布线的具体要求如下:

①不论吊顶内是否装设槽道或桥架,电缆敷设应采用人工牵引。单根大对数电缆可以直接牵引,不需拉绳;如果是多根小对数线缆(如4对双绞线),应组成缆束,用拉绳在吊顶内牵引敷设。

②为防止距离较长的电缆在牵引过程中发生磨、刮、蹭、拖等损伤,可在线缆进出吊顶的入口处和出口处等位置增设保护措施和支承装置。

③在牵引线缆时,牵引速度宜慢速,不宜猛拉紧拽,如发生线缆被障碍物绊住,应查明原因排除障碍后再继续牵引,必要时可将线缆拉回重新牵引。

（3）墙壁上直接明敷布线

在墙壁内预埋管路既美观隐蔽又安全稳定,因此它是墙壁内敷设线缆的主要方式(图6-2-8)。但在许多已建成的建筑中没有事先预留暗敷线缆的管路或线槽,此时只能采用明敷线槽的敷设方式,在这种方式中只能使用截面积小的线槽且所需费用较高。此外还可将线缆直接在墙壁上敷设,这种布线方式造价很低,但缺点是既不隐蔽美观又易被损伤,所以这种布线方式只能用在单根水平布线的场合。其具体方法是将线缆沿着墙壁下面的踢脚板或墙根边敷设并使用钢钉线卡(包括圆钢钉和塑料线码)固定。

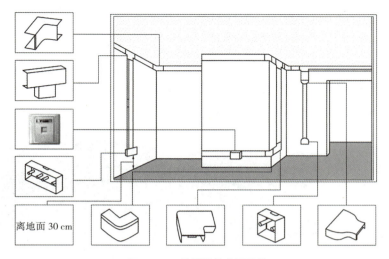

离地面 30 cm

图 6-2-8　墙面线槽敷设线缆

活动三　总结工程经验

（1）避让强电

①在工程设计和施工中，一般尽量避免配线线缆与强电供电线路平行走线。

②如果确实需要平行走线时，应保持一定的距离，一般非屏蔽双绞线电缆与强电电缆的距离应大于 30 cm，屏蔽双绞线电缆与强点电缆的距离应大于 7 cm。

③如果需要近距离平行布线甚至交叉跨越布线时，需要用金属管保护网络布线。

（2）PVC 线管的敷设注意事项

①预埋暗敷线管应采用直线敷设，尽量不要弯曲，直线距离超过 30 m 而需延长时，应设置暗线箱等装置，以利于牵引敷设电缆时使用。如必须采用弯曲线管，则需每隔 15 m 设置一处暗线箱等装置。

②暗敷线管必须转弯时，其转弯角度应大于 90°。暗敷线管弯曲半径不应小于该线管外径的 6 倍。要求每根暗敷线管在整个线路上的弯曲不得多于两处，暗敷线管的弯曲处不应有折皱、凹穴和裂缝。

③明敷线管应排列整齐，横平竖直，且要求线管每个固定点（或支撑点）的间隔均匀。

④在管路中放置牵引线或拉绳，以便牵引线缆。

⑤在管路的两端应设有标志，其内容包含序号、长度等，应与所敷设的线缆对应，以使布线施工中不容易发生错误。

（3）桥架与线槽的敷设注意事项

①桥架及线槽的安装位置应符合施工图规定，左右偏差不应超过 50 mm。

②桥架及线槽水平度偏差每平方米不应超过 2 mm。

③垂直桥架及线槽应与地面保持垂直，垂直度偏差不应超过 3 mm。

④两线槽拼接处水平偏差不应超过 2 mm。

⑤线槽转弯半径不应小于其槽内的线缆最小允许弯曲半径的最大值。

⑥顶安装应保持垂直，整齐牢固，无歪斜现象。

⑦金属桥架及槽道节与节间应接触良好，安装牢固。

模拟墙面线槽敷设线缆的效果如图 6-2-9 所示。

图 6-2-9　模拟墙面线槽敷设线缆的效果图

任务检测：

一、选择题

1.水平子系统的布线电缆长度不应超过（　　）。

A. 60 m　　　　　B. 70 m　　　　　C. 80 m　　　　　D. 90 m

2.水平子系统的网络拓扑结构通常是（　　）。

A. 总线型　　　　B. 星型　　　　　C. 环型　　　　　D. 网状

二、判断题

1.水平子系统线缆应采用非屏蔽或屏蔽 4 对双绞线电缆，在需要时也可以采用室内光缆。　　　　　　　　　　　　　　　　　　　　　　　　　（　　）

2.1 条 4 对双绞线电缆可以终结在 2 个或更多的信息插座上。　　　　（　　）

三、简答题

1.简述水平子系统的范围。

2.如何计算水平子系统的线缆平均长度？

任务三　管理间施工

管理间是综合布线系统中的重要节点，它集中了各类配线设备和网络设备，是实现楼层间信息有效传输和管理的关键场所。它不仅需要配备常规的配线和网络设备，还需考虑诸多附属设施以满足多种需求。本任务将介绍管理间施工的布局规划、设备安装要点、线缆敷设方法等，助你顺利完成管理间的施工建设。

活动一　管理间规划与设计

1. 管理间的设计范围

（1）管理间的位置

管理间应尽可能靠近管理区域的中心，每个管理间的管理区域面积一般不超过 1 000 m²。管理间的数量应根据管理的楼层范围及工作区面积来确定。当信息点数量不大于 400 个且水平线缆长度在 90 m 以内时，应设置 1 个管理间；超出这一范围时，宜设置 2 个或多个管理间。若每层的信息点数量较少且水平线缆长度不大于 90 m，宜几个楼层合设 1 个管理间。管理间内或其紧邻处应设置电缆竖井，且各层楼的管理间宜上下对齐。管理间的面积一般不宜小于 5 m²。

（2）管理间机柜选择

综合布线系统的配线设备和计算机网络设备采用 19 in 标准机柜安装，共有 42 U 的安装空间。在管理间内安装机柜时，正面应有不小于 800 mm 的净空，背面应有不小于 600 mm 的净空。

对于规模较小的工程，多数采用 6 ~ 12 U 壁挂式机柜（图 6-3-1），通常安装在每个楼层的竖井内或楼道中间位置，具体安装方法可使用三角支架或膨胀螺栓固定机柜。垂直干线电缆或光缆容量较小，适合布置在机柜顶部；水平干线电缆容量较大，跳接次数相对较多，适合布置在机柜中部，便于操作；网络设备为有源设备，布置在机柜下部。

图 6-3-1　壁挂式机柜

2. 管理标记方案设计

管理间和设备间是综合布线系统的线路管理区域，该区域通常安装了大量线缆、管理器件及跳线。为方便将来的线路管理工作，管理间、设备间和工作区的配线设备、线缆、信息点等设施都应按照一定模式进行标识和记录。

（1）基本要求

建议综合布线系统工程采用计算机进行文档记录与保存。简单且规模较小的综合布线系统工程可按照图纸资料等纸质文档进行管理，并确保记录准确、及时更新、便于查阅。所有电缆、光缆、配线设备、端接点、接地装置、敷设管线等组成部分均应给定唯一的标识符，并设置标签。标识符应采用相同数量的字母和数字等标明。电缆和光缆的两端均应标明相同的标识符。设备间、管理间、进线间的配线设备宜采用统一色标区分各类业务与用途的配线区。所有标签应保持清晰、完整，并满足使用环境要求。

对于规模较大的布线系统工程，为了提高布线工程维护水平与网络安全，建议采用电子配线设备对信息点或配线设备进行管理，以显示与记录配线设备的连接、使用及变更情况。综合布线系统相关设施的工作状态信息应包括设备和线缆的用途、使用部门、局域网拓扑结构、传输速率、终端设备配置状况、占用器件编号、色标、链路与信道的功能和主要指标参数及完好状况、故障记录等，还包括设备位置和线缆走向等内容。

（2）线缆标记要求

综合布线系统使用的标签可采用粘贴型和插入型。

从材料和应用角度讲，线缆的标识，尤其是跳线的标识要求使用带有透明保护膜（带白色打印区域和透明尾部）的耐磨损、抗拉标签材料。另外，套管和热缩套管也是线缆标签的好选择。

要求在线缆的两端都进行标记。对于重要的线缆，需要每隔一段距离进行标记。

此外，在维修口、接合处、接线处、接线盒等处的电缆位置也要进行标记。

在同一个综合布线工程中，线缆标记应统一编码，并能反映线缆的用途和连接情况。例如，一根电缆从某建筑物 3 楼 311 房间的第一个计算机数据信息点拉至楼层管理间，则该电缆的两端可标记为"311–D1"，其中"D"表示数据信息点。

（3）色彩标记

人们对色彩和图形的敏感程度远远高于对符号和文字数码的敏感，因此色彩在综合布线工程设计、施工和使用维护中都具有重要作用。一般情况下，在设备间、管理间等地可以看到醒目的颜色，通过这些颜色可以将不同的功能或区域清晰地划分开。

（4）管理间和设备间的标记要求

在管理间和设备间应根据应用环用明确的中文标记来标出各个端接场。

配线架布线标记方法应按照以下规定设计。

•FD 出线：标明楼层信息点序列号和房间号。

•FD 入线：标明来自 BD 的配线架号或交换机号、缆号和芯 / 对数。

•BD 出线：标明去往 FD 的配线架号或交换机号、缆号。

•BD 入线：标明来自 CD 的配线架号、缆号和芯 / 对数（或外线引入缆号）。

•CD 出线：标明去往 BD 的配线架号、缆号和芯 / 对数。

•CD 入线：标明由外线引入的线缆号和线序对数。

面板和配线架的标签要使用连续的标签，材料以聚酯的为好，可以满足外露的要求。由于各厂家的配线架规格不同，所留标记的宽度也不同，所以选择标签时，宽度和高度都要多加注意。

配线架和面板的标记除清晰、简洁、易懂外，还要美观。

（5）端接硬件的标记要求

在信息插座上，每个接插口位置应用中文明确标明"话音""数据""控制""光纤"等接口类型及楼层信息点序列号。信息插座的一个插孔对应一个信息点编号。信息点编号一般由楼层号、区号、设备类型代码和层内信息点序号组成。此编号将在插座标签、配线架标签和一些管理文档中使用。

（6）通达的标记要求

各种通道、线槽应有良好的明确的中文标记系统，标记的信息包括建筑物名称、建筑物位置、区号、起始点和功能等。

活动二 管理间施工

1. 壁挂式机柜的安装

（1）壁挂式机柜的安装要求

①确保所选墙面能够承受机柜及其内部设备的质量。

②测量并预留足够的空间以适应机柜大小及方便开门。

③考虑温度、湿度、灰尘等环境因素，确保机柜所在位置适宜设备的长期运行。

④靠近电源插座及网络接口，便于接线和管理。

⑤保持足够的通道空间，确保在紧急情况下可以安全疏散。

（2）壁挂式机柜的安装步骤

①确定机柜的位置，测量墙面尺寸，并标记出所有固定点，使用电钻在墙面上精确打孔。

②将机柜的墙面支架对准打好的孔，使用膨胀螺丝或机柜指定的固定件进行固定。

③将机柜挂到支架上，使用水平尺检查水平度，必要时调整支架，最后使用配套螺丝紧固。

④检查电源连接是否正常，确认机柜门能否自由开关。

2. 网络配线架的安装

（1）网络配线架的安装要求

①安装配线架前，首先要进行设备位置规划或按照图纸规定确定位置，统一考虑机柜内部的跳线架、配线架、理线环、交换机等设备。同时考虑配线架与交换机之间跳线是否方便。

②线缆采用地面出线时，线缆从机柜底部穿入，配线架多安装在机柜下部；采用桥架出线时，线缆从机柜顶部穿入，配线架多安装在机柜上部；采用机柜侧面穿入时，配线架常安装在机柜中部。

③配线架应该安装在左右对应的孔中，水平误差不得大于 2 mm，更不允许左右孔错位安装。

（2）网络配线架的安装步骤

①取出配线架并安装在机柜设计位置的立柱上。

②理线。

③端接打线。

④做好标记，安装标签。

3. 交换机的安装

安装交换机前，首先检查产品外包装是否完整并开箱检查产品，收集和保存配套资料，所用部件一般包括交换机、2个支架、4个橡皮脚垫和4个螺钉、1根电源线、1根管理线；然后准备安装交换机。步骤如下：

①取出交换机后给交换机安装两个支架，安装时要注意支架方向。

②将交换机放到机柜中提前设计好的位置并用螺钉固定到机柜立柱上，一般交换机上下要留一些空间用于空气流通和设备散热。

③将交换机外壳接地并将电源线插在交换机后面的电源接口上。

④打开交换机电源后，在开启状态下查看交换机是否出现抖动现象。如果出现抖动现象，请检查脚垫高低或机柜上的固定螺丝松紧情况。

注意：拧这些螺钉时不要过紧，否则会让交换机倾斜；也不能过于松垮，否则交换机运行时不稳定工作状态下设备会抖动。

活动三　总结工程经验

1. 壁挂式机柜的安装

壁挂式机柜通常安装在墙面上，务必避开电源线路。在公共场所安装时，若采用暗装方式，箱体底边距地面应不小于0.5 m；若为明装方式，机柜底面距地面应不小于1.8 m。安装前，应使用纸板对照机柜上的安装孔制作样板，并按样板上的孔位在墙面上开孔。接着，安装4个10～12 mm的膨胀螺栓，随后将机柜挂在墙上，并连接电源。

2. 配线架数量确定

配线架的端口数量应超过信息点的数量，以确保所有信息点的线缆都能端接在配线架上。在具体工程中，通常会使用24口或48口的配线架。以某楼层为例，如果该层有64个信息点，则至少需要配置3个24口的配线架，这样总共就有72个端口，足以满足64个信息点的需求，这是一种较为经济的选择。

有时，为了便于楼层的网络管理，可能会选择更多的配线架。例如，如果将上述64个信息点分为4个区域，每个区域平均有16个信息点，那么也需要配备4个24口的配线架。在这种情况下，每个配线架用于端接16个信息点，同时预留8个端口，以便进行分区管理并简化维护工作。

3. 理线

电信间的线缆必须全部端接到配线架上，以完成永久链路的安装。在端接过程中，首先需要整理所有线缆，留出适当的长度，重新做好标记，剪去多余的部分，并按照区域或编号顺序进行绑扎和整理。通过理线环后，再端接到配线架上。要避免出现大量多余的线缆，以及线缆缠绕或绞结的情况。

任务检测：

简答题

1. 简述管理子系统的范围。
2. 简述壁挂式机柜的安装步骤。

任务四　垂直子系统施工

垂直子系统作为连接各楼层管理间与设备间的关键通道，承担着重要的信号传输任务。其布线方式取决于建筑物的结构，可能是垂直型，也可能是水平型或两者结合。它对于整个布线系统的稳定性和性能有着重要影响。本任务将介绍垂直子系统施工的方案设计、线缆选型、施工流程等，帮助你高效完成垂直子系统的施工。

活动一　垂直子系统规划与设计

1. 垂直子系统的设计范围

垂直子系统，也称干线子系统或垂直干线子系统（图6-4-1），是综合布线系统中非常重要的组成部分，由设备间与楼层配线间之间的连接电缆或光缆组成。

干线子系统的主干缆线应选择最短、最安全和最经济的路由，一端与建筑物设备间连接，另一端与楼层电信间连接。路由的选择要根据建筑物的结构以及建筑物内预留的电缆孔、电缆井等通道位置而决定。建筑物内一般有封闭型和开放型两类通道，宜选择带门的封闭型通道敷设干线缆线。开放型通道是指从建筑物的地下室到楼顶的一个开放空间，中间没有任何楼板隔开。封闭型通道是指一连串上下对齐的空间，每层楼都有一间，电缆竖井、电缆孔、管道电缆、电缆桥架等穿过这些房间的地板层。

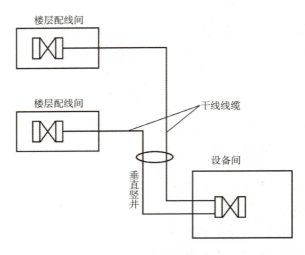

图 6-4-1　垂直子系统

2. 垂直子系统的设计要点

（1）确定线缆类型

垂直子系统线缆主要有铜缆和光缆两种类型，具体选择要根据布线环境的限制和用户对综合布线系统设计等级的考虑。计算机网络系统的主干线缆可以选用 4 对双绞线电缆或 25 对大对数电缆或光缆，电话语音系统的主干电缆可以选用三类或五类大对数电缆，有线电视系统的主干电缆一般采用同轴电缆。主干电缆的线对要根据水平布线线缆对数以及应用系统类型来确定。

（2）线缆的交接

为了便于综合布线的路由管理，干线电缆、干线光缆布线的交接不应多于两次，从楼层配线架到建筑群配线架之间只应通过一个配线架，即建筑物配线架（在设备间内）。

（3）线缆的端接

干线电缆可采用点对点端接，也可采用分支递减端接。点对点端接是最简单、最直接的配线方法，设备间的每根干线电缆直接延伸到指定的楼层配线间。分支递减端接是用一根大对数干线电缆来支持若干个楼层配线间的通信容量，经过电缆接头保护箱分出若干根小电缆，它们分别延伸到相应的楼层配线间，并终接于目的地的配线设备。

点对点端接的主要优点是可以在干线中采用较小、较轻、较灵活的电缆，不必使用昂贵的交接盒。分支递减端接的优点是干线中的主馈电缆总数较少，可以节省空间。在某些情况下，分支递减端接的成本低于点对点端接方法。

（4）线缆容量的确定

一般而言，在确定每层楼的干线类型和数量时，要根据楼层水平子系统所有的话音、数据、图像等信息插座的数量来计量。计算原则如下：

①对于话音业务，大对数主干电缆的对数应按每个电话 8 位模块通用插座配置一对线，并在总需求线对的基础上至少预留 10% 的备用线对。

②对于数据业务，应以交换机或集线器群（按 4 个交换机或集线器组成 1 个群），或以每个交换机或集线器设备设置一个主干端口配置。每 1 群网络设备或每 4 个网络设备宜考虑 1 个备份

端口。主干端口为电缆端口时，应按 4 对线配置容量；为光纤端口时，则按 2 芯光纤配置容量。

③当工作区至楼层配线间的水平光缆延伸至设备间的光配线设备（BD/CD）时，主干光缆的容量应包括所延伸的水平光缆光纤的容量。

④当楼层信息插座较少时，在规定长度范围内，可以多个楼层共用交换机，并合并计算光纤芯数。

活动二 垂直子系统施工

在新的建筑物中，通常有竖井通道。沿着竖井方向通过各楼层敷设线缆，只需提供防火措施即可。在老式建筑中，可能有大槽孔的竖井。通常在这些竖井内装有管道，以供敷设气、水、电、空调等线缆。若利用这样的竖井来敷设线缆，线缆必须加以保护。也可将线缆固定在墙角上。

在竖井中敷设主干缆一般有向下垂放电缆和向上牵引电缆两种方式。

相比较而言，向下垂放线缆比向上牵引线缆容易。

1. 向下垂放线缆

①把线缆卷轴放到最顶层。

②在距开口处(孔洞处)3 ~ 4 m的地方安装线缆卷轴，并从卷轴顶部馈线。

③在线缆卷轴处安排所需的布线施工人员，每层要有一个工人，以便引导下垂的线缆。

④开始旋转卷轴，将线缆从卷轴上拉出。

⑤将拉出的线缆引导进竖井中的孔洞。在此之前先在孔洞中安放一个塑料保护套，以防止孔洞不光滑的边缘擦破线缆的外皮。

⑥慢慢地从卷轴上放缆并进入孔洞向下垂放。

⑦继续放缆，直到下一层布线人员能将线缆引到下一个孔洞。

⑧按前面的步骤，继续慢慢地放缆，并将线缆引入各层的孔洞。

2. 向上牵引线缆

①按照线缆的质量选定绞车型号，并按说明书进行操作。先往绞车中穿一条绳子。

②启动绞车并往下垂放一条拉绳（确认此拉绳的强度能保护牵引线缆），拉绳向下垂放直到安放线缆的底层。

③如果缆上有一个拉眼，则将绳子连接到此拉眼上。

④启动绞车，慢慢地将线缆通过各层的孔向上牵引。

⑤线缆的末端到达顶层时停止绞车。

⑥在地板孔边沿上用夹具将线缆固定。

⑦当所有连接制作好之后，从绞车上释放线缆的末端。

1. 首选光缆

在干线子系统中，语音和数据往往用不同种类的线缆传输。语音电缆一般使用大对数电缆，数据一般使用光缆。在干线子系统的设计中要保证传输速率，一般选用光缆（多模），并且需要预留备用线缆。

2. 无转接点

由于干线子系统中的光缆或者电缆路由比较短，而且跨越楼层或者区域，因此在布线路由中不允许有连接器或者 CP 集合点等各种转接点。

3. 光缆弯曲半径

因干线子系统终端用户多，一般会涉及一个楼层的很多用户。在设计时，干线子系统的线缆应该垂直安装，如果在路由中间或者出口处需要拐弯时，不能直角拐弯布线，必须设计大弧度拐弯，保证线缆的曲率半径和布线方便。

4. 布线系统需接地

干线子系统涉及每个楼层，并且连接建筑物的设备间和楼层电信间交换机等重要设备，因此为了保护线缆免遭破坏，布线路由一般使用金属桥架。设计和施工中要加强接地措施，预防雷电击穿造成设备损坏，并且注意与强电保持较远的距离，防止电磁干扰等。

活动四 | 大对数端接

所谓大对数即多对数的意思。由很多对电缆组成一小捆，再由很多小捆组成一大捆，更大对数的电缆则再由许多大捆组成一根更大的电缆。缆线类别的选择，应根据工程对综合布线系统传输频率和传输距离的要求。大对数双绞线按线对数量可分为 25 对、50 对、100 对、250 对、300 对等规格。

微课

110 语音配线架的端接

首先将颜色分为主色和副色：

主色：白、红、黑、黄、紫；

副色：蓝、橙、绿、棕、灰。

以 25 对为 1 组；100 对线缆分蓝、橙、绿、棕 4 组；200 对时，每 100 对为 1 组，分别捆扎隔离。

安装时，以 100 对 110 配线架为例，线对顺序依次为：

第一组：白蓝、白橙、白绿、白棕、白灰；

第二组：红蓝、红橙、红绿、红棕、红灰；

第三组：黑蓝、黑橙、黑绿、黑棕、黑灰；

第四组：黄蓝、黄橙、黄绿、黄棕、黄灰；

第五组：紫蓝、紫橙、紫绿、紫棕、紫灰。

大对数线缆端接步骤如下：

①剥去大对数电缆的外皮。

②将电缆穿过配线架一侧的进线孔。

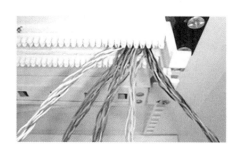

③先按主色排列。

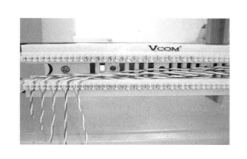

④排列后把线卡入相应槽位。

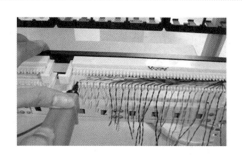

⑤用打线工具逐条压紧线缆并打断多余的头。

⑥接连接块放入 5 对打线工具中。

⑦按顺序把连接块逐一打入 110 配线架。

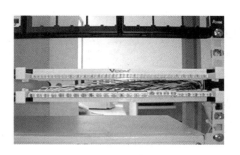

⑧完成后的效果。

一、选择题

1. 垂直子系统在综合布线系统中扮演的角色是（　　）。

A. 连接设备间与楼层配线间的电缆或光缆　　　B. 负责供电系统

C. 仅作为水平布线系统的一部分　　　　　　　D. 提供建筑物外的网络连接

2. 关于垂直子系统的线缆交接，以下描述正确的是（　　）。

A. 可以无限次交接　　　　　　　B. 最多交接两次

C. 每层楼都应重新交接　　　　　D. 只允许在设备间进行交接

二、判断题

1. 垂直子系统的线缆应选择最短、最安全和最经济的路由。　　　　（　　）

2. 垂直子系统的线缆端接方式只能是点对点端接。　　　　　　　（　　）

3. 开放型通道适用于敷设干线线缆。　　　　　　　　　　　　　（　　）

4. 在竖井中敷设主干缆时，向下垂放电缆通常比向上牵引电缆困难。（　　）

三、简答题

1. 简述垂直子系统的设计范围。

2. 为什么在设计垂直子系统时，选择线缆的路由很重要？

任务五　设备间施工

　　设备间是综合布线系统中的关键部位，是信息汇聚与管理的核心区域。它将各房间的信息线路集中起来，并安装各类管理设备以提供服务和监控运行状态。其地位至关重要，对环境和设备布局要求严格。本任务将介绍设备间施工的布局规划、设备选型与安装、线缆连接要点等，帮助你完成高质量的设备间施工。

1. 设备间的设计范围

设备间（图 6-5-1）是网络管理和信息交换的场所，位于每幢建筑物的适当地点，作为综合布线系统的中心。房间内的信息插座通过水平线缆与干线线缆连接，最终汇聚至设备间。此外，设备间装有与应用系统相关的管理设备，电话交换机、计算机主机设备及入口设施可与配线设备共同安装，为用户提供服务并管理服务运行状态。

当信息通信设施与配线设备分开设置时，应考虑电缆长度限制，保证安装主配线架的设备间与装有电话交换机及计算机主机的设备间距离适中。

图 6-5-1 设备间效果图

2. 设备间的设计要点

（1）设备间的位置

选择设备间的位置和大小时，应综合考虑建筑物的结构、综合布线的规模、管理方式以及应用系统设备的数量等因素。理想情况下，设备间应位于建筑平面及其综合布线干线综合体的中心位置，通常设在建筑物的首层或上层。在多层地下室的情况下，也可设在地下一层。同时，需注意以下问题：

①尽量避免设在厕所、浴室或其他潮湿、易积水区域的正下方或毗邻场所。

②尽量远离强振动源和强噪声源。

③尽量避开强电磁场的干扰。

④尽量远离有害气体源以及易腐蚀、易燃、易爆的物品。

⑤便于接地装置的安装。

确定了设备间的位置后，才能设计综合布线的其他子系统。因此，设计人员应与建设方协商，根据要求及现场情况确定设备间的最终位置。

（2）设备间的面积

根据《民用建筑电气设计标准》等相关规范，设备间的最小面积不应小于 10 m²，宽度不宜小于 2.5 m。对于高层建筑，在设备间安装网络设备和其他的应用设备时，设备间面积一般不应小于 20 m²。当系统信息插座超过 6 000 个时，应根据工程具体情况，每增加 1 000 个信息点，宜增加 2 m²。设备间的净高应不低于 2.6 m，楼板负荷应不少于 500 N/m²，门的大小至少为高 2.1 m、宽 0.9

m，并外开。地面宜采用抗静电活动地板，墙面宜涂阻燃漆或铺设涂防火漆的胶合板，吊顶和隔断等均应使用难燃材料。

（3）设备间的供电

设备间可采用直接供电或不间断供电方式。辅助设备可直接由市电供电，而程控交换机和计算机网络设备则由不间断电源（UPS）供电。供电容量可按照设备的标称用电量相加后乘以 1.73 计算，电压波动值不宜超过 10%。设备间内应提供至少两个 220 V、10 A 带保护接地的单向电源插座。新建建筑物应预设电源线管道和电源插座，可按 40 个 /100 m² 考虑。

设备间应有良好的接地系统，配线架和有源设备外壳（正极）宜用单独导线引至接地汇流排。当电缆从建筑物外引入时，应采用过压过流保护措施。

（4）设备间的设备安装

安装在设备间的设备，其正面应有不小于 800 mm 的净空，背面应有不小于 600 mm 的净空。对于墙面安装的设备，底部离地面应不小于 300 mm。设计时应预留好各类进、出线的管路孔洞，以及将来扩展时所需安装配线设备和应用设备的位置。

（5）设备间的防火要求

为了保证设备使用安全，设备间应安装相应的消防系统，配备防火防盗门，其耐火等级必须符合《高层民用建筑设计防火规范》中相应耐火等级的规定。在设备间的活动地板下、吊顶上方及易燃物附近设置烟感和温感探测器。设备间内应设置二氧化碳自动灭火系统，并备有手提式二氧化碳灭火器。禁止使用水、干粉或泡沫等易产生二次破坏的灭火器。为了发生火灾或意外事故时方便工作人员迅速向外疏散，对于规模较大的建筑物，在设备间或机房应设置直通室外的安全出口。

（6）设备间的防雷设计

依据有关规定，对计算机网络中心设备间的电源系统采用三级防雷设计。

第一、二级电源防雷：防止从室外窜入的雷电过电压、开关操作过电压、感应过电压、反射波效应过电压。

第三级电源防雷：防止开关操作过电压、感应过电压。重要设备（服务器、交换机、路由器等）多，必须在其前端安装电源防雷器。

（7）设备间的防静电措施

设备间用防静电地板有钢结构和木结构两大类，要求既能提供防火、防水和防静电功能，又要轻、薄并具有较高的强度和适应性，且有微孔通风。防静电地板下面或防静电吊顶板上面的通风道应留有足够余地以作为机房敷设线槽、线缆的空间。这样既保证了线槽、线缆的敷设空间，又便于施工，同时也使机房整洁美观。在设备间装修铺设抗静电地板安装时，同时应安装静电泄漏系统，铺设静电泄漏地网。通过将静电泄漏干线和机房安全保护地的接地端子封在一起，将静电泄漏掉。

1. 设备间机柜安装

目前，国内外综合布线系统所使用的配线设备的外形尺寸基本相同，都采用通用的 19 in 标准机柜，实现设备的统一布置和安装施工。

（1）机柜安装的基本要求

①机柜的安装位置、设备排列布置和设备朝向应符合设计要求。

②机柜安装完工后，垂直偏差度不应大于 3 mm。

③机柜及其内部设备上的各种零件不应脱落或碰坏，表面漆面如有损坏或脱落，应予以补漆。各种标志应统一、完整、清晰、醒目。

④机柜及其内部设备必须安装牢固可靠。各种螺丝必须拧紧，无松动、缺少、损坏或锈蚀等缺陷，机柜更不应有摇晃现象。

⑤为便于施工和维护人员操作，机柜前应预留 1 500 mm 的空间，其背面距离墙面应大于 800mm。

⑥机柜的接地装置应符合相关规定的要求，并保持良好的电气连接。

⑦如选用墙上型机柜，要求墙壁必须坚固牢靠，能承受机柜重量，柜底距地面宜为 300 ~ 800 mm，或视具体情况而定。

⑧在新建建筑中，布线系统应采用暗线敷设方式，所使用的配线设备也可采取暗敷方式，埋装在墙体内。在建筑施工时，应根据综合布线系统要求，在规定位置处预留墙洞，并先将设备箱体埋在墙内，布线系统工程施工时再安装内部连接硬件和面板。

（2）机柜安装步骤

①安装前，场地画线要准确无误，否则会导致返工。按照拆箱指导拆开机柜及机柜附件包装木箱。

②如果机柜安装在水泥地面上，机柜固定后，则可以直接进行机柜配件的安装。将机柜安放到规划好的位置，确认机柜的前后方向，并使机柜的地脚对准相应的地脚定位标记。

③在机柜顶部平面两个相互垂直的方向放置水平尺，检查机柜的水平度。用扳手旋动地脚上的螺杆调整机柜的高度，使机柜达到水平状态，然后锁紧机柜地脚上的螺母，使锁紧螺母紧贴在机柜的底平面。

④确保机柜方向正确、前后距离预留空间足够，机柜安装完成。

2. 设备间线缆敷设

（1）活动地板方式

该方式是线缆敷设在活动地板下的空间内，由于地板下空间大，因此电缆容量和条数多，节省电缆费用，线缆敷设和拆除均简单方便，能适应线路增减变化，有较高的灵活性，便于维护管理。但需要用到防静电地板等活动地板，造价较高，会减少房屋的净高，对地板表面材料也有一定要求，如耐冲击性、耐火性、抗静电、稳固性等。

（2）地板或墙壁沟槽方式

该方式是线缆敷设在建筑物预先建成的墙壁或地板内沟槽中，沟槽的断面尺寸大小根据线缆终期容量来设计。这种方式造价较活动地板低，便于施工和维护，利于扩建，但沟槽设计和施工必须与建筑设计和施工同时进行，在配合协调上较为复杂。沟槽方式因是在建筑中预先制成，所以在使用中会受到限制，线缆路由不能自由选择和变动。

（3）预埋管路方式

该方式是在建筑的墙壁或地板内预埋管路，其管径和根数根据线缆需要来设计。穿放线缆比较容易，维护、检修和扩建均有利，造价低廉，技术要求不高，是最常用的方式。

（4）机架走线架方式

该方式是在设备或者机架上安装桥架或槽道，桥架和槽道的尺寸根据线缆需要设计，可以在建成后安装，便于施工和维护，也有利于扩建。机架上安装桥架或槽道时，应结合设备的结构和布置来考虑，在层高较低的建筑中不宜使用。

活动三 总结工程经验

1. 位置合适

设备间应尽量位于建筑平面及其综合布线干线综合体的中间位置，在高层建筑内，设备间也可以设置在 2、3 层。这样不仅便于布线和管理，还能提高系统的整体效率。

2. 布局合理

设备间内设备的布置应遵循"强弱电分排布放、相对独立系统设备各自集中、同类型机架集中"的原则。例如，电话主机即程控用户交换机、数据处理机即计算机主机可以放在一起，也可以分别设置，以优化空间利用和设备维护。

3. 温湿度控制

设备间的温湿度控制可以通过安装具备降温或加温、加湿或除湿功能的空调设备来实现。选择空调设备时，南方地区主要考虑降温和除湿功能，北方地区则需全面考虑各种环境需求。

4. 尘埃标准

设备间的清洁度要求非常严格，尘埃过多会影响设备的正常工作和寿命。定期清扫灰尘，工作人员进入设备间时应更换干净的鞋具。

5. 接地系统

设备间应有良好的接地系统，配线架和有源设备外壳宜用单独导线引至接地汇流排。过电压和过电流保护措施也是必要的，尤其在电缆从建筑物外引入时。

任务检测：

一、选择题

1. 设备间的位置应尽量位于建筑平面及其综合布线干线综合体的（　　）。

A. 左侧位置　　　B. 中间位置　　　C. 右侧位置　　　D. 顶部位置

2. 设备间的最小面积不应小于（　　）。

A. 5 m² 　　　　B. 10 m² 　　　　C. 15 m² 　　　　D. 20 m²

二、判断题

1. 设备间的位置应根据建筑物的结构、综合布线规模、管理方式以及应用系统设备的数量等进行综合考虑，择优选取。（　　）

2. 若在设备间安装网络设备和其他应用设备，其面积一般不应小于 20 m²。（　　）

3. 设备间需要安装消防系统，但管理间不需要。（　　）

4. 设备间的防静电地板下面应留有足够余地以作为机房敷设线槽、线缆的空间。（　　）

三、简答题

1. 设备间的位置及大小应根据哪些因素进行综合考虑？
2. 设备间施工中，机柜安装的基本要求有哪些？

任务六　进线间和建筑群子系统施工

进线间是室外线缆引入楼内的重要场所，其重要性随光缆应用的增多而提升。建筑群子系统负责实现建筑物间的通信连接。它们的施工质量影响着整个布线系统的性能和稳定性。本任务将介绍进线间和建筑群子系统施工的要点、流程、设备配置及注意事项等，助你顺利完成施工。

1. 进线间设计要求

进线间宜靠近外墙和在地下设置，以便于线缆引入。其设计应符合以下规定：

①进线间应防止渗水，宜设有抽排水装置。

②进线间应与布线系统垂直竖井连通。

③进线间应采用相应防火级别的防火门，门向外开，宽度不小于 1 000 mm。

④进线间应设置防有害气体措施和通风装置，排风量按每小时不小于 5 次容积计算。

2. 进线间设计原则

（1）地下设置原则

一个建筑物宜设置一个进线间，设在地下或靠近外墙，以便于线缆引入且与布线垂直井连通。

（2）空间合理原则

根据建筑物实际情况，参照通信行业和国家的现行标准进行设计，满足线缆的敷设路由、成端位置及数量、光缆的盘长空间和线缆的弯曲半径、充气维护设备、配线设备等方面安装所需要的场地空间和面积。

（3）共用原则

在设计和安装时，进线间应考虑通信、消防、安防等其他设备以及设备安装空间。

（4）安全原则

①进线间入口管道所有布放线缆和空闲的管孔应采取防火材料封堵，做好防水处理。

②进线间线缆入口处的管孔数量应留有充分的余量，建议留 2 ~ 4 孔的余量。

③进线间安装配线设备和信息通信设施时，应符合设备安装设计的要求。

④与进线间无关的水暖管道不宜通过。

3. 建筑群子系统的设计范围

建筑群子系统的设计主要涉及布线路由选择、线缆选择、线缆布线方式等，其工程范围的特点与其他子系统有所不同，主要特点如下：

①除建筑群配线架等设备装在室内外，其他所有设施都在室外，受外界干扰多，技术要求高。

②必须与公用通信网络连成整体，保证传输质量。

③室外布线需符合城市通信线路要求，并与城市建设规划相协调。

④作为公用管线基础设施之一，建设计划应纳入总体建设规划。

⑤尽量利用已有通信电缆管道或架空通信杆路，避免重复建设。

⑥建筑群子系统是综合布线系统的骨干部分，工程质量直接影响系统运行效果。

4. 建筑群子系统的设计要点

①考虑环境美化要求：干线线缆应尽量采用地下管道或电缆沟敷设方式。如因客观原因不得不采用架空布线方式，也应尽量选用原有的已架空布设的电话线或有线电视电缆路由，以减少架空敷设的线路。

②考虑未来发展需要：选择相对应的干线线缆和敷设方式，保持系统稳定并满足新业务需求。

③线缆的选择：一般选用多模或单模室外光缆，芯数不少于12芯，使用松套型、中央束管式。连接公用网时采用单模光缆，芯数根据业务需求确定。使用双绞线时选择高质量大对数双绞线，长度不超过1 500 m。

④线缆路由的选择：尽量选择距离短、线路平直的路由，考虑地形和敷设条件，与电力线缆分开敷设并保持间距。

⑤线缆引入要求：室外线缆进入建筑物时在进线间换成室内电缆、光缆。引入设备应安装必要的保护装置，以达到防雷击和接地的要求。干线线缆引入建筑物时，应以地下为主，如采用架空方式，应尽量采取隐蔽方式引入。

⑥干线电缆：建筑群主干电缆、光缆布线的交接不应多于两次，即从楼层配线架到建筑群设备间的配线架之间只应通过一个建筑物配线架。

活动二 / 施工规范

建筑群子系统一般是布放在园区的大区域内，其电缆敷设方式通常有架空悬挂（包括墙壁挂设）和地下敷设两种。为了使通信线路逐渐向隐蔽化发展，以地下敷设为主，只有在某些特殊场合（如地形高差过大，不宜采取地下敷设），通信线路才采用架空方式。在建筑群子系统中采用地下电缆的敷设方式，目前较为常用的有两种：一种是穿放在地下通信电缆管道中；另一种是直接埋设在地下。此外，还有与其他系统合用的在电缆沟或隧道中敷设的电缆，这种情况较为少用，具体方法与管道电缆的施工方法相似。

1. 架空悬挂

架空悬挂法通常应用于有现成电线杆，且对电缆的走线方式无特殊要求的场合（图6-6-1）。

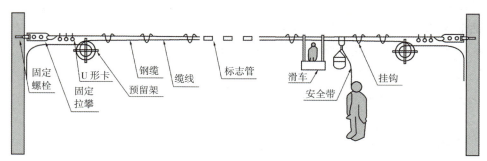

图 6-6-1 架空悬挂法

这种布线方式造价较低，但影响环境美观且安全性和灵活性不足。架空悬挂法要求用电线杆将线缆在建筑物之间悬空架设，一般先架设钢丝绳，然后在钢丝绳上挂放线缆。架空悬挂使用的主要材料和配件有：线缆、钢缆、固定螺栓、固定拉攀、预留架、U形卡、挂钩、标志管等，在架设时需要使用滑车、安全带等辅助工具。

架空电缆通常穿入建筑物外墙上的U形电缆保护套，然后向下（或向上）延伸，从电缆孔进入建筑物内部。建筑物到最近处的电线杆相距应小于30 m。建筑物的电缆入口可以是穿墙的电缆孔或管道，电缆入口的孔径一般为5 cm。一般建议另设一根同样口径的备用管道，如果架空线的净空有问题，可以使用天线杆型的入口。该天线的支架一般不应高于屋顶1 200 mm。如果再高，就应使用拉绳固定。通信电缆与电力电缆之间的间距应遵守当地城管等部门的有关规定。

架空线缆敷设的一般步骤如下：

①电线杆以30～50 m的间隔距离为宜。

②根据线缆的质量选择钢丝绳，一般选8芯钢丝绳。

③接好钢丝绳。

④架设线缆。

⑤每隔0.5 m架一个挂钩。

2. 直埋布线法

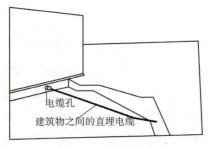

图 6-6-2　直埋布线法

直埋布线法根据选定的布线路由在地面上挖沟，然后将线缆直接埋在沟内（图6-6-2）。直埋布线的电缆除穿过基础墙的那部分电缆有套管保护外，电缆的其余部分直接埋于地下，没有保护。直埋电缆通常应埋在距地面0.6 m以下的地方，或按照当地有关部门的相关法规去施工。当建筑群子系统采用直埋沟内敷设时，如果在同一个沟内埋入了其他用途的电缆，应设立明显的共用标志。

直埋布线法的路由选择受到土质、公用设施、天然障碍物（如木、石头）等因素的影响。直埋布线法具有较好的经济性和安全性，总体优于架空悬挂法，但更换和维护电缆不方便且成本较高。

直埋布线的一般步骤如下：

①直埋光缆沟深度要按标准进行挖掘。

②不能挖沟的地方可以架空或钻孔预埋管道敷设。

③沟底应保证平缓坚固，需要时可预填一部分沙子、水泥或支撑物。

④敷设时可用人工或机械牵引，但要注意导向和润滑。

⑤敷设完成后，应尽快回土覆盖并夯实。

3. 地下管道布线法

地下管道布线是一种由管道和人孔组成的地下系统，它把建筑群的各个建筑物进行互连，一根或多根管道通过基础墙进入建筑物内部。地下管道对电缆起到很好的保护作用，因此电缆受损坏的机会大大降低，且不会影响建筑物的外观及内部结构。

管道埋设的深度一般在 0.8~1.2 m，或符合当地有关部门相关法规规定的深度。为方便日后的布线，管道安装时应预埋一根拉线，以供以后的布线使用。为方便线缆的管理和后期维护，地下管道应间隔 50 ~ 180 m 设置电缆接合井。接合井可以是预制的管内电缆的，也可以是现场浇筑的。此外，安装时至少应预留 1 ~ 2 个备用管孔，以供扩充之用。

地下管道布线的一般步骤如下：

①施工前应核对管道占用情况，清洗、安放塑料子管，同时放入牵引线。

②计算好布放长度，一定要有足够的预留长度。

③一次布放长度不要太长 (一般 2 km)，布线时应从中间开始向两边牵引。

④布缆牵引力一般不大于 1 176 N，而且应牵引光缆的加强芯部分，并做好光缆头部的防水加强处理。

⑤光缆引入和引出处须加顺引装置，不可直接拖地。

⑥管道光缆也要注意可靠接地。

4. 电缆沟或隧道内电缆布线

在建筑物之间通常有地下通道，大多用于供暖、供水。这些通道，不仅可以敷设电缆，还可以利用原有的安全设施，节省成本。但考虑到暖气泄漏等问题，电缆安装时应与供气、供水、供电的管道保持一定的距离，安装在尽可能高的地方，可根据民用建筑设施的有关条件进行施工。

活动三 | 总结工程经验

1. 进线间施工经验

（1）地下设置

进线间一般应该设置在地下或者靠近外墙，以便于线缆引入，且与布线垂直竖井连通。

（2）空间合理

进线间应满足线缆的敷设路由、端接位置及数量、光缆的盘长空间和线缆的弯曲半径、充气维护设备、配线设备安装所需要的场地空间和面积，大小应按进线间的进出管道容量及入口设施的最终容量设计。

（3）满足多家运营商需求

应考虑满足多家电信业务经营者安装入口设施等设备的面积。

（4）共用原则

在设计和安装时，进线间应该考虑通信、消防、安防、楼控等其他设备以及设备安装空间。如安装配线设备和信息通信设施时，应符合设备安装设计的要求。

（5）安全原则

进线间应设置防有害气体措施和通风装置，排风量按每小时不小于 5 次容积计算，入口门应采用相应防火级别的防火门，门向外开，宽度不小于 1 000 mm，同时与进线间无关的水暖管道不宜通过。

2. 建筑群子系统施工经验

（1）地下埋管

建筑群子系统的室外线缆，一般通过建筑物进线间进入大楼内部的设备间，室外距离比较长，设计时一般选用地埋管道穿线或者电缆沟敷设方式。也有在特殊场合使用直埋方式，或者架空方式。

（2）远离高温管道

建筑群的光缆或者电缆，经常在室外部分或者进线间需要与热力管道交叉或者并行，遇到这种情况时，必须保持较远的距离，避免高温损坏线缆或者缩短线缆的寿命。

（3）远离强电

园区室外地下埋设有许多 380 V 或者 10 000 V 的交流强电电缆，这些强电电缆的电磁辐射非常大，网络系统的线缆必须远离这些强电电缆，避免受到电磁干扰。

（4）缆线预留

建筑群子系统的室外管道和线缆必须预留备份，方便未来升级和维护。

（5）管道抗压

建筑群子系统的地埋管道穿越园区道路时，必须使用钢管或抗压 PVC 管。

（6）大拐弯

建筑群子系统一般使用光缆，要求拐弯半径大，实际施工时，一般在拐弯处设立接线井，方便拉线和后期维护。如果不设立接线井拐弯时，必须保证较大的曲率半径。

活动四 / 光纤接续

光纤接续是指两段光纤之间的连接。在光纤通信系统中，光纤接续是一项至关重要的工作，它直接关系到整个系统的性能和稳定性。根据不同的应用场景和技术要求，光纤接续的方式也有所不同。常见的光纤接续方法有冷接（机械连接）和熔接两种，目前在工程中主要采用熔接法。

光纤接续基本要求如下：

①光缆终端接头或设备的布置应合理有序，安装位置需安全稳定，其附近不应有可能损害它的外界设施，如热源和易燃物质等。

②从光纤终端接头引出的光纤尾或单芯光缆的光纤所带的连接器应按设计要求插入光配线架上的连接部件中。暂时不用的连接器可不插接，但应套上塑料帽，以保证其不受污染，便于今后连接。

③在机架或设备（如光纤接头盒）内，应对光纤和光纤接头加以保护，光纤盘绕方向要一致，要有足够的空间和符合规定的曲率半径。

④光缆中的金属屏蔽层、金属加强芯和金属铠装层均应按设计要求，采取终端连接和接地，并要求检查和测试其是否符合标准规定，如有问题必须补救纠正。

⑤光缆传输系统中的光纤连接器在插入适配器或耦合器前，应用丙醇酒精棉签擦拭连接器插头和适配器内部，清洁干净后才能插接，插接必须紧密、牢固可靠。

⑥光纤终端连接处均应设有醒目标志，其标志内容应正确无误、清楚完整（如光纤序号和用途等）。

1. 光纤端接工具

（1）光纤剪刀

光纤剪刀的刀刃采用高碳钢材料，锋利且坚韧，主要用于剪切光纤外层凯夫拉线。一般光纤剪刀都将刀口设计成锯齿状，这是为了避免剪切凯夫拉线时出现打滑现象。光纤剪刀（图6-6-3）通常用于光缆熔接工作，与光纤剥线钳或剥线器搭配使用。

图 6-6-3　光纤剪刀

（2）光纤剥离钳

光纤剥离钳常见的有3类，图6-6-4所示为三孔光纤剥线钳，又称"米勒钳"，可以用来剥除光纤绝缘外护层、光纤缓冲层及光纤涂覆层。三孔光纤剥线钳采用三孔分段式剥线设计，所有的刀刃面都是精确成形，保证了操作时纤芯的干净、平滑，不会刮伤或划伤光纤，无须调校即可使用。

图 6-6-4　三孔光纤剥线钳

（3）光纤连接器压接钳

光纤连接器是光纤与光纤之间进行可拆卸（活动）连接的器件，它是把光纤的两个端面精密对接起来，以使发射光纤输出的光能量能最大限度地有效传送出去，并使因物理连接而造成的光损失减到最小。光纤连接器按传输媒介的不同可分为常见的硅基光纤的单模、多模连接器，还有其他如以塑胶等为传输媒介的光纤连接器；按连接头结构形式可分为FC、SC、ST、LC、D4、DIN、MU、MT等各种形式。光纤连接器压接钳（图6-6-5）用于压接各种连接器，配有多种常用的六边形夹具，适用于不同种类的光纤连接器。

图 6-6-5　光纤连接器压接钳

（4）光纤切割刀

光纤切割刀（图6-6-6）是特殊材料制作的专用工具，刀口锐利耐磨损，用于切割像头发一样细的光纤，能够保证光纤切割面的平整性，可最大限度地减小光纤连接时的衰耗，才可以放电熔接。

（5）光纤熔接机

光纤熔接机（图6-6-7）主要用于光缆施工和维护，利用电弧熔化两端光纤以实现熔接。该设备采用芯对芯的标准系统，能快速、全自动地完成熔接。配备高清晰度彩色显示屏，可同时观察X轴、Y轴

图 6-6-6　光纤切割刀

的光纤，具有体积小、质量轻和速度快的特点。

图 6-6-7　光纤熔接机

2. 光纤熔接

微课

光纤的熔接技术

光纤熔接是在高压电弧下将两根已切割并清洗的光纤连接在一起。熔接过程类似于金属线焊接，通常用电弧完成。此方法连接光纤不会产生缝隙，从而避免反射损耗，入射损耗也极小，为 0.01 ~ 0.15 dB。在熔接前需剥离光纤的保护层。虽然机械接头本身是保护连接光纤的护套，但熔接处无任何保护。因此，熔接设备包括重新涂敷器，用于在熔接区域形成新的保护层。另一种方法是使用熔接保护套管。

（1）熔接过程

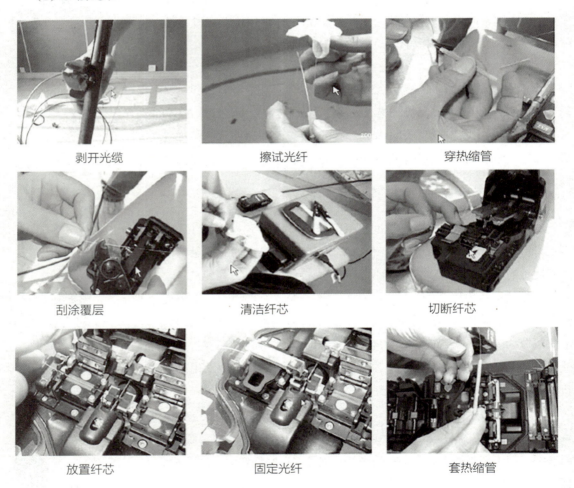

剥开光缆　　　　　　擦试光纤　　　　　　穿热缩管

刮涂覆层　　　　　　清洁纤芯　　　　　　切断纤芯

放置纤芯　　　　　　固定光纤　　　　　　套热缩管

图 6-6-8　光纤熔接过程

光纤熔接过程如图 6-6-8 所示。

① 剥开光缆：剥开长度约 1 m 的光缆，将光缆固定到接续盒内，注意别损伤光纤管束，用卫生纸清理油膏。

② 穿热缩管：将不同颜色的光纤分开，穿过热缩套管以保护脆弱的光纤接头。

③ 准备熔接机：打开电源，选择合适的熔接方式。每次使用熔接机前，应使熔接机在熔接环境中放置至少 15 min。如没有特殊情况一般选用自动熔接程序，并在使用中和使用后要及时去除熔接机中的粉尘和光纤碎末。

④ 剥绝缘层：使用专用工具剥去光纤上的绝缘涂层。

⑤ 清洁裸纤：用蘸有酒精的棉花顺光纤轴向擦拭，注意使用棉花的不同部位以提高利用率。

⑥ 切割裸纤：调整切刀位置，平稳切割光纤，避免不良端面产生。

⑦ 放置光纤：将光纤置于熔接机的 V 形槽中，压紧光纤压板和夹具，自动完成熔接。

⑧ 加热热缩管：将熔接好的光纤从熔接机中取出，移动热缩管至适当位置并加热。

⑨ 盘纤并固定：保持一定半径盘绕光纤，避免不必要的损耗。

（2）盘纤规则

① 沿松套管或光缆分枝方向盘纤，适用于所有接续工程。优点：避免了光纤松套管间或不同分枝光缆间光纤的混乱，使之布局合理，易盘、易拆，更便于日后维护。

② 以预留盘中热缩管安放单元为单位盘纤，便于操作和维护。在实际操作中每 6 芯或每 12 芯为一盘，极为方便。优点：避免了由于安放位置不同而造成的同一束光纤参差不齐、难以盘纤和固定等现象。

③ 特殊情况如需要安装光分路器时，先处理普通光纤再单独处理特殊器件。

（3）盘纤方法

① 先中间后两边：先将熔接好的热缩管逐个放置在固定槽中，再处理两侧余纤。这样有利于保护光纤接点，避免盘纤可能造成的损坏。在预留的盘纤空间小、光纤不易盘绕和固定时，使用该方法。

② 以一端开始盘纤：逐步固定热缩管，处理余侧端光纤。该方法的优点在于避免出现急弯、小圈现象，对光传输要求很高的接续，首选该方法。

③ 特殊情况的处理：当出现个别光纤很长（或很短）时，可将其放置在最后单独盘绕；带有特殊光器件（如分光器），可将其另盘（垫隔）处理，若与普通光纤共盘处理时，应将其轻置于其他光纤之上，两者间加缓冲衬垫，以防挤压造成断纤，且特殊光器件的尾纤不可过长。

④ 按空间大小盘纤：顺势自然盘绕，切勿生拉硬拽，应灵活采用圆、椭圆、"∞"等多种图形盘纤，但要确保盘纤直径不小于 4 cm，最大限度降低盘纤造成的附加损耗。

盘纤效果示意图如图 6-6-9 所示。

（4）注意事项

① 确保光纤上无过多油膜。

② 保证光纤间有空隙且能被观测到。

光纤熔接是细致工作，影响系统运行质量，需仔细观察、规范操作，以提高实践技能和熔

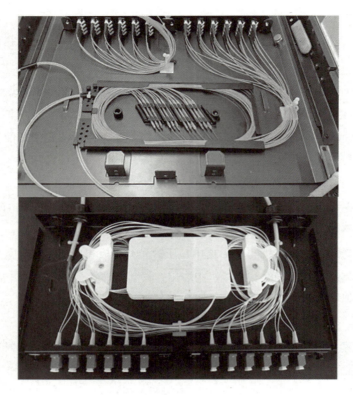

图 6-6-9　盘纤效果示意图

接质量。

3. 光纤冷接

光纤冷接是把两根切割清洗后的光纤通过机械连接部件（冷接子等）结合在一起，无须熔接，操作方便快捷，接续成本低，真正实现随时随地接入。

随着 FTTH 光纤到户的迅猛发展，光纤冷接的需求也大大增加。

光纤冷接步骤如下：

①旋下冷接子的尾管，并将光纤线小心地穿入尾管中。

②使用专用的开剥工具去除光纤线外层的 PVC 保护层和内部的加强筋。

③用光纤剥线钳的最小孔径来清除光纤表面的涂覆层。

④使用蘸有无水酒精的无纺布来仔细清洁裸露的光纤，以确保其表面干净无尘，从而保证连接质量。

⑤将清洁后的光纤放入专用的光纤夹具中，并在光纤切割刀上进行精确的切割。

⑥将切割好的光纤穿入冷接子本体中，完成光纤的冷接过程。

⑦使用光纤测试笔来检查光纤连接的导通状态，确保光信号能够顺畅传输。

4. 光纤检测

光纤检测包括光纤通断检测和光纤损耗检测。光纤通断检测，顾名思义就是检测该光纤在物理上是否完整、有无断点，若一侧有光源输入，则另一侧有光输出。光纤损耗检测，不仅仅是测试光纤的连通性，主要是测试光信号在传输过程中的损耗。

光信息的损耗包括以下几个方面：

①光纤本身的损耗，如 G652 光纤在 1 550 nm 窗口的平均损耗约为 0.25 dB/km。

②光缆线路纤芯熔接时的接头损耗，热熔时每个熔接接头损耗约在 0.05 dB，冷接的损耗约为 0.2 dB。

③各个活动连接器的连接损耗，计算时一般取 0.5 dB/ 个。

用测试设备连接光纤，通过对光纤打光 (发射一定波长的光信号) 进行测试。"光纤打光"是在光纤维护测试时使用的俗语，其实就是把光纤接到红光笔或光源上，来判断光纤通断和二凹损耗情况。

• 红光笔：红光笔发射的是可见光，用来判断短距离光纤中间是否有断开的地方。

• 激光：光纤另一头接光功率计测试，根据光源发光强度和光功率计接收到的光源强度，来测试光纤衰耗情况。

• 光时域反射仪（OTDR）设备：一般用于比较长距离的光纤测试。光纤一端接设备，设备发射光信号，通过设备检测光信号在光纤里面不同衰耗点和断点处反射回来的光信号，计算出该点距离测试点的实际长度，从而快速判断出光纤断点或熔接不好的位置。

（1）光纤的通断检测

光纤通断检测最简单的办法就是使用红光笔在光纤的一端发射红光，若另外一端肉眼可视红光，则光纤接通性完好，否则有断点。

①使用红光笔时确保尾部拧紧，电池电量充足。

②手持红光笔平直指向前方(勿直射人眼，有害)，将开关往上推，依次是闪亮、长亮可供选择。

③用光纤的一端与红光笔连接，在另一端则可以看到发射出来的可见光。

④由于输出人眼可见的红色光的穿透力极强，故障点泄漏的光透过 3 mm PVC 层依然清晰可见，故短距离的线缆可用此法找出断点。

⑤如果尾纤就有漏光现象，说明此段光纤被过度弯曲或折断。

（2）光纤的损耗检测

光纤损耗是指光纤每单位长度上的衰减，单位为 dB/km。造成光纤衰减的主要因素有本征、弯曲、挤压、杂质、不均匀和对接等。

光功率计是指用于测量绝对光功率或测量通过一段光纤的光功率相对损耗的仪器。通过测量发射端机或光网络的绝对功率，一台光功率计就能够评价光端设备的性能。用光功率计与稳定光源组合使用，则能够测量连接损耗，检验连续性，并帮助评估光纤链路传输质量。

一、选择题

1. 进线间通常应设于（　　）。

A. 地下一层　　　　B. 平层　　　　　C. 二楼　　　　　D. 三楼

2. 建筑群子系统的通信线路建设计划应该是（　　）。

A. 单独建设　　　　　　　　　　B. 纳入相应的总体建设规划

C. 根据需求随时调整　　　　　　D. 不需要考虑城市规划

二、填空题

1. 进线间宜靠近 _____ 和在 _____ 设置，以便于线缆引入。

2. 光纤接续的方式有 _____ 和 _____ 两种。

三、判断题

1. 建筑群子系统的设计范围包括室内外所有设施。　　　　　　（　　）

2. 光纤接续不产生缝隙，因此不会产生反射损耗。　　　　　　（　　）

四、简答题

1. 什么是建筑群子系统？

2. 光纤接续的基本要求有哪些？

实训任务　光纤冷接

　　冷接是一种光纤接续方法，它操作方便快捷，接续成本低，真正实现随时随地的接入。随着 FTTH 光纤到户的迅猛发展，光纤冷接的需求也大大增加。本实训要求大家成功冷接一条光纤跳线。

微课

光纤的冷接技术

➤ 实训要求

①掌握基本的光纤冷接技术，包括光纤的剥除、清洁、切割及冷接子的安装和使用；

②能够准确地测量和标记光纤，并进行直线切割，确保光纤端面平整且垂直；

③能够正确并安全地使用光纤剥线钳、光纤切割刀等专业工具；

④确保冷接过程中光纤端面的清洁，避免尘埃和污渍影响接续质量；

⑤确保冷接后光纤接口的插入损耗最小，连接牢固，并通过光功率计或红光笔测试确认连接通畅。

注意事项

①在操作光纤剥线钳和光纤切割刀前，检查工具是否完好无损，确保工具锋利无损伤；

②保持工作台稳定，避免在操作过程中突然施力或改变方向，以免造成光纤断裂或工具滑脱伤人；

③光纤剥线钳和光纤切割刀刀口都很锋利，务必注意使用过程中的安全，佩戴适当的防护手套；

④工作区域应保持整洁有序，以减少意外发生的风险，确保光纤和工具的存放安全；

⑤在冷接过程中，避免直接接触光纤裸露的端面，因为光纤断面可能对皮肤或眼睛造成伤害。

实训内容

①拆开冷接子并穿线。

②用剥线器剥除外皮。

③用光纤剥离钳刮掉涂覆层。

④用酒精纸擦除灰尘。

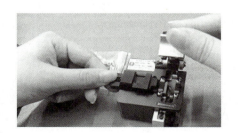

⑤用切割刀切断多余纤芯。

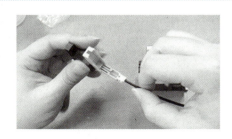

⑥把切好的纤芯推入冷接子。

光纤冷接实训　学生互评表

序号	观察点	观察结果（完成则打√）	评判结果
1	能正确认识并选择皮线光缆、冷接子（快速连接器）、光纤剥线钳、米勒钳、无尘纸、酒精、光纤切割刀等实训工具和材料		
2	能正确拆开冷接子		
3	能正确使用剥线工具剥除光缆外皮		
4	能正确使用米勒钳刮涂覆层		
5	能正确使用切割刀切断光纤		
6	能正确把纤芯推入冷接子并扭好后盖		
7	能用红光笔打光检验冷接成果		

项目七　综合布线工程管理

项目背景

在竞争激烈的市场环境下，综合布线工程项目面临着时间紧、任务重、质量要求高的挑战。有效的项目管理能够整合资源、优化流程、提高效率，确保项目按时交付、质量达标、成本可控。然而，在实际项目中，管理不善往往导致项目进度延误、成本超支、质量不达标等问题。

项目任务

项目管理通过项目经理来实现，项目经理的工作贯穿从投标到项目准备、实施和验收的整个过程。在商业中心综合布线工程项目实施过程中，作为项目经理，你需要对项目的进度、质量、成本、风险等进行全面管理和控制，确保项目顺利完成，达到预期目标。

学习目标

➤ 知识目标

（1）了解综合布线工程项目管理的基本理论和方法；

（2）理解项目进度、质量、成本和风险的管理要点；

（3）掌握项目团队建设和沟通协调的技巧。

➤ 技能目标

（1）能制订综合布线工程项目的管理计划；

（2）能运用管理工具对项目进行有效的监控和控制；

（3）能协调各方资源，确保项目目标的实现。

➤ 素质目标

（1）培养全局观念，统筹管理综合布线工程项目；

（2）强化责任意识，保证项目顺利交付；

（3）提升沟通能力，营造良好的项目团队氛围。

任务一　工程项目管理和组织机构

在综合布线工程项目中，有效的管理和合理的组织机构是项目成功的关键。项目组织是为实现特定目标而组建的协同团队，具有临时性和针对性。本任务将介绍工程项目管理的方法、组织机构的类型和设置原则，以及如何实现高效的团队协作等，帮助你构建科学的管理体系。

活动一　认识项目管理

1. 工程项目管理的概念

项目管理是一种在 20 世纪 50 年代后期发展起来的计划管理方法，在工程技术和工程管理领域得到广泛应用。项目管理是指管理者在既定约束条件下，运用系统的观点、方法和理论，对项目的全部工作进行有效管理，以求能最优地实现工程项目目标。这包括对项目投资决策到项目结束的全过程进行计划、组织、指挥、协调、控制和评价，确保项目按预算和质量标准如期完成。

对于不同性质和种类的工程项目，管理工作有很大区别。综合布线工程的项目管理既要参照共有的系统分析、计划控制、组织管理等基本理论和方法，也要根据建筑智能化的特点采取相应的技术和管理措施。因此，综合布线工程项目管理应从管理体系、技术、计划、组织、实施和控制、沟通协调、验收等各环节与其特征相匹配，以确保达到项目的最终目标。

在智能建筑领域，项目管理可直接应用于通信、楼宇控制、安防及楼宇自动化等系统。项目管理对系统集成进行整体管理，综合考虑各个系统，保证集成后系统间良好沟通与互动，确保智能建筑能有效发挥功能与作用。

⊜开拓视界

项目管理是指运用各种相关技能、方法与工具，以满足或超越项目有关各方对项目的要求与期望所开展的各种活动。通过学习项目管理，学生应实事求是，制订分阶段目标，先易后难、先急后缓、循序渐进，提升项目的质量和效率。同时，提高学生的社会责任感，促进其全面发展。

2. 工程项目管理组织和相关人员

（1）综合布线工程项目管理组织

项目管理组织是为实现项目目标，具有职责、权限和关系等自身职能的个人或实施群体，包括发包人、承包人、分包人和其他有关单位为完成项目管理目标而建立的管理组织。项目管理组织的构成应明确自身管理范围，并达到相应的资质要求。

（2）综合布线工程项目管理相关人员

发包人：按招标文件或合同中的约定，具有项目发包主体资格和支付合同价款能力的当事人或者取得该当事人资格的合法继承人。发包人是工程项目合同的当事人之一，是以协议或其他完备手续取得项目发包主体资格、承认全部合同条件、能够并愿意履行合同义务的合同当事人。项目发包人也可称为甲方。

承包人：按合同约定，被发包人接受的具有项目承包主体资格的当事人，以及取得该当事人资格的合法继承人。承包人是项目合同的当事人之一，是具有法人资格和满足相应资质要求的单位。承包人根据发包人的要求，可以承包项目工程的勘测、设计、采购、施工和试运行全过程，也可以承包其中部分阶段。项目承包人可称为乙方。

分包人：承担项目的部分工程或服务并具有相应资格的当事人。承包人将其承包合同中所约定工作的一部分发包给具有相应资质的企业承担，简称为分包。当项目承包人将其合同中的部分责任依法发包给具有相应资质的企业时，则该企业也成为项目承包人之一，简称为分包人。

相关方：能够影响决策或活动、受决策或活动影响，或感觉自身受到决策或活动影响的个人或组织。

活动二 了解项目管理机构和构成人员

在综合布线工程领域中，系统集成商普遍采用公司管理下的项目管理制度。在这种制度下，公司主管业务的领导担任工程项目总负责人，全面负责项目的管理工作。项目管理机构由常设机构（如商务管理部）和根据项目需要临时设立的项目经理部组成。这种职能部门及管理架构通常如图 7-1-1 所示。

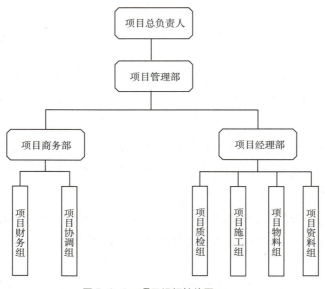

图 7-1-1　项目组织结构图

建立一个分工明确、组织完善的项目组织机构是高质量完成工程项目的关键。工程管理需要涵盖从技术与施工设计、设备供货、安装调试、验收到交付的全方位服务，并在进度和投资上进行有效管理。为了实现这一目标，项目组织机构应当包含以下职能模块。

1. 项目总负责人

项目总负责人承担着工程项目的全面责任。他需要监控整个工程的运作过程，并对重大问题做出决策和处理。此外，项目总负责人还应根据工程情况调配资源，确保工程质量得到充分保障。

2. 项目管理部

项目管理部作为项目管理的核心机构，负责协调整个项目的管理工作。它需要与其他部门紧密协作，确保项目按照既定目标顺利进行。

3. 项目商务部

项目商务部主要负责项目的所有商务活动。它由项目财务组和项目协调组组成。其中，项目财务组负责项目中的所有财务事务、合同审核、预算计划、商务文件管理和财务结算等工作；项目协调组则主要负责与建设单位、施工部门和产品厂商之间的联络协调工作。

4. 项目经理部

项目经理部是在工程项目落实后临时建立的管理机构，负责工程项目施工的实施管理。它由项目经理人负责组建，在公司内部通过任命或竞聘产生。需要注意的是，如果工程项目采用分包或转包的形式运作，那么项目商务部的职能也将纳入项目经理部的管理范畴。

项目经理部下设多个小组，以确保工程项目的顺利实施。

（1）项目质检组

该组责任重大，主要负责审核设计中使用产品的性能指标、审核项目方案是否满足标书要求、检验工程进展、检验工程施工质量、检验物料品质和数量、检查施工安全和检查测试标准等工作。

（2）项目施工组

该组主要承担各类建筑物综合布线系统的工程施工任务。其下分为不同的小组，包括布线施工组、设备安装施工组、测试组和维修组。这些小组的分工明确且相互制约，以确保工程施工的顺利进行。

• 布线施工组：主要负责各种线槽、线管和线缆的布放、捆绑、标记等工作。

• 设备安装施工组：主要负责卡接、配线架打线、机柜安装、面板安装以及各种色标制作和施工中的文档管理等工作。

• 测试组：主要负责按照施工标准进行测试，还要写出测试报告和管理各种测试文档等。

• 维修组：主要为该项目弱电系统提供 24 小时响应的维修服务。

（3）项目物料组

该组主要根据合同及工程进度及时安排好库存和运输，为工程提供充足的物料支持。

（4）项目资料组

在项目经理部的直接领导下，负责整个工程的资料管理。其职责包括制定资料目录、保证施工图纸为当前有效的版本、提供与各系统相关的验收标准及表格、制订竣工资料、收集验收所需的各种技术报告以及协助整理本工程的技术档案，并提出验收报告。

在以上架构中，承包方应配备充足的资源为本项目服务，包括管理人员、财务人员、设计工程人员和施工技术人员等。

任务检测：

简答题

1. 综合布线工程项目管理的内容有哪些？
2. 简述综合布线工程项目管理的组织结构。

任务二　现场管理措施与施工要求

在综合布线工程项目中，现场管理和施工要求的规范执行直接关系到工程的质量、进度和安全。有效的现场管理措施能避免诸多问题，保障施工顺利进行。本任务将介绍现场管理的具体措施、施工的规范要求、常见问题及解决办法等，助你实现高效且优质的项目施工。

活动一　了解现场管理制度与要求

通过现场管理措施与施工要求的实施，我们能够建立起一个健全、高效的工程项目管理体系，不仅有助于提升管理效益，杜绝资源浪费现象的发生，还能够确保工程项目的高质量完成。

1. 现场工作环境的管理

项目经理部应当严格按照施工组织设计的要求，对作业现场环境进行细致管理，并明确各项工作的负责人。在施工过程中，必须严格执行检查计划，对检查中发现的问题进行深入分析，并制订纠正方案及预防措施。对于工程中的责任事故，应按照奖惩方案予以奖惩。此外，施工现场的安全和环境保护工作也应遵循企业的相关保护条例和施工组织设计的要求。一旦施工现场发生紧急事件，应立即按照企业的事故应急预案进行处理。

2. 现场居住环境的管理

项目经理部应根据施工组织设计的要求，重点关注施工驻地的材料放置和伙房卫生情况。同时，还应落实驻点管理负责人和工地伙房管理办法、员工宿舍管理办法、驻点防火防盗措施以及驻点环境卫生管理办法。教育员工了解火灾逃生通道的位置，在外进餐时注意饮食卫生，以确保施工材料和人员的安全。

3. 现场周围环境的管理

项目经理部应实施施工组织设计中的相关计划，在考虑施工现场周围地形特点、季节、交通流量、附近居民密度、高压线和其他管线情况、与公路及铁路的交叉情况以及与河流的交叉情况等因素的前提下进行施工作业。对于重要环境因素应给予重点关注，确保施工过程中不会对周边环境造成不良影响。

4. 现场物资的管理

由于布线工程点多、线长，物资管理人员应按照施工组织设计中的分配计划组织接收工程物资，并按照施工组织设计的要求进行进货检验，填写相应的检验记录。这样做能够确保工程物资的质量符合要求，为工程质量提供有力保障。

5. 现场协调的管理

项目部应每周召开由专业施工技术督导员、各子系统施工班组负责人参加的进度协调会，及时检查协调各子系统工程进度并解决工序交接的相关问题。公司还应定期召开各有关部门会议，协调部门与项目部之间有关工程实施的配合问题。通过有效的协调管理，能够确保整个工程项目的顺利进行。

活动二　了解现场施工要求

1. 制订施工人员档案

每名施工人员，包括分包商的工作人员，都必须经过项目经理的审定。他们需要持有合适的身份证明文件，并具备相关经验。所有资料应整理、记录并归档，以便在需要时进行查询和核实。

2. 熟悉图纸

在综合布线工程开工前，施工人员应熟悉设计图纸，了解施工要求。他们需要明确与土建工程的交叉作业和配合情况，特别是要确认设备间、交接间、配线间及各种地槽、暗管、孔洞等工作区（点）及条件。这样做能够确保施工人员对整个工程有一个全面的了解，从而更好地完成施工任务。

3. 安全管理

①施工人员在进入施工场地时，必须佩戴有效的工作证以便于识别和管理。若进入正在施工的建筑工地，配合建筑单位预埋穿线管（槽）和预留孔洞时，必须穿戴工作服、安全帽、绝缘鞋等防护用品，并在建筑工地管理人员的带领下进入。

②所有进入施工场地的员工都将获得一份工地安全手册，并必须参加由工地安全主任安排的安全守则课程。所有施工人员必须遵守制订的安全守则，违反者可能被撤职。

③当员工离职或被解雇时，应立即没收其工作证，更新人员档案并上报给建设单位相关人员。

4. 项目经理制订施工人员分配表和责任表

①按照施工进度表预计每个工序每天所需工程人员的数量及配备，并根据工序的性质委派不同的施工人员负责。

②项目经理每天向施工人员发放工作责任表，由施工人员详述当天的工作程序、所需材料、施工要求和完成标准。

5. 制订定期会议制度

确定与工地管理人员的定期会议时间（如每周一次），了解工程的实施进度和问题。根据不同的情况和重要性检讨或重新制订施工方向、程序及人员分配。同时制订弹性人员调动机制，以便在需要加快或变动进度时予以配合。这样做能够确保整个工程的顺利进行，并及时解决可能出现的问题。

6. 对现场施工人员的行为进行管理

①每天巡查施工场地，注意施工人员的工作操守，以确保工程的正确运行及进度。如果发现员工有任何失职或失责行为，按不同情况和程度发出警告，严重者应予以撤职处分。

②按工程进度制订人员的上班时间，尽量避免超时工作，但可视工程进度调节。

③项目经理部组织制订施工人员行为规范和奖惩制度，教育员工遵守当地的法律法规、风俗习惯、施工现场的规章制度，保证施工现场的秩序。项目经理部应明确由施工现场负责人对此进行检查监督，对于违规者应及时予以处罚。

⊖开拓视界

文明施工是践行社会主义核心价值观的重要体现。它不仅是指保持施工现场良好的作业环境、卫生环境和工作秩序，还包括减少施工对周围居民和环境的影响，遵守文明施工的规定和要求，保证职工的安全和身体健康。

①在材料采购前做好基础工作，严格控制各分项工程的材料使用。在材料采购前，项目团队需要进行深入的市场调研，了解不同供应商的产品质量、价格和信誉。同时，根据施工设计文件及清单要求，制订详细的材料采购计划，明确所需材料的种类、数量、型号规格等关键信息。通过严格的控制和审核机制，确保采购的材料符合工程质量要求，避免不必要的浪费和损失。

②特别关注材料领取、入库出库、用料、补料、退料和废料回收等环节，进行严格管理。在材料送达现场后，应先开箱检查，由设备材料组负责，技术和质量监理参与。对设备和材料的外观进行检查，确保无损伤、缺件，并核对型号规格、数量是否与施工设计文件及清单要求相符。若发现任何问题，应及时填写开箱检查报告，并通知供应商进行处理。仓库管理员需填写材料入库统计表（表7-2-1）与材料库存统计表（表7-2-2），确保数据的准确性和完整性。通过对这些环节的严格管理，可以有效避免材料的损失和浪费，提高材料的利用率。

表7-2-1 材料入库统计表

序号	材料名称	型号	单位	数量	备注
1					
2					
3					
...					
审核：		仓管：		日期：	

表7-2-2 材料库存统计表

序号	材料名称	型号	单位	数量	备注
1					
2					
3					
...					
审核：		统计：		日期：	

③在工程项目中，某些工序可能对材料的消耗特别大。对于这些工序，项目经理应直接负责材料的管理和控制。他们需要密切关注材料的使用情况，分析材料消耗高的原因，并采取有效措施进行调整和优化。通过精确的材料控制和管理，可以降低材料成本，提高工程的经济效益。

④为了激励施工人员节约材料、提高材料利用率，我们可以对部分材料实行包干使用制度。具体来说，就是为每个施工团队分配一定数量的材料，并设定一个合理的使用标准。如果施工团

队能够在不超过标准的情况下完成工程任务，则给予一定的奖励；反之，如果超出标准则需要承担相应的罚款。这种制度可以促使施工人员更加注意材料的节约和使用效率，从而降低整体工程成本。

⑤在材料管理过程中，我们需要不断发现问题并及时解决。针对材料使用不节约、出入库计量不准确、超额用料和废品率高等问题，我们应建立健全的监控机制和反馈体系。通过定期检查和数据分析，及时发现异常情况并采取措施加以纠正。同时，加强与施工人员的沟通和培训，提高他们的材料节约意识和操作技能，从而确保材料的合理使用和管理。

⑥特殊材料实行以旧换新制度，领取新料时由材料使用人或负责人提交领料原因。根据施工设计和进度充分准备每一阶段的物料，安排库存及运输，保证施工物料供应。工程队领用材料时需填写领用表，经项目经理审批后，仓库管理员方可发放，具体表格见表7-2-3。

表7-2-3　材料领用统计表

序号	材料名称	型号	单位	数量	备注
1					
2					
3					
…					
审核：		领料人：		日期：	

活动四　了解安全管理

1. 建立安全管理制度

①建立安全生产岗位责任制。项目经理是安全工作的第一责任人，现场设专职安全管理员，加强监督检查，把安全生产作为首要任务，坚持安全值班制度，贯彻执行各项安全生产政策和法规。安排施工任务时必须进行安全交底，有书面资料和交接人签字。施工中要严格执行安全操作规程和规定，严禁违规作业和指挥。

②安全管理员须每半月举行一次现场安全会议，提高施工人员的安全意识。

③编制施工方案时要包括安全技术措施，并向施工人员书面交底。

④建立安全用电制度。现场机电设备的防火安全设施由专人负责，电闸箱上锁并具备防雨措施，电动工具必须有保护装置和良好的接地保护地线。

⑤注意安全防火。施工现场挂设灭火器，严禁吸烟，明火作业由专职人员管理，持证上岗，并设立安全防火领导小组。

⑥建立安全事故报告制度。发生危险、死亡或严重受伤时，立即通知本单位、业主和当地急救中心，并在24小时内提交详细书面事故报告。

2.安全控制措施

（1）施工现场防火措施

实行逐级防火责任制，施工单位指定一名负责人全面负责消防安全管理，配备消防员和义务消防员。机房施工现场严禁吸烟。电气设备、电动工具不得超负荷运行，线路接头要牢固，防止过热或打火短路。现场材料堆放适量，保持防火间距，加强易燃物品的管理。

（2）施工现场安全用电措施

临时用电和带电作业的安全控制措施应在《施工组织设计》中予以明确，规范电气设备的使用，确保电线无破损、插座无松动，安装漏电保护装置，定期检查电气设备的接地情况。

（3）低温雨季施工控制措施

低温季节避免高空作业，必须作业时穿戴防冻、防滑、保温的服装和鞋帽；吊装机具考虑安全系数；光缆接续机具和测试仪表采取保温措施；车辆加注防冻液、加装防滑链。

（4）在用通信设备、网络安全的防护措施

机房内割接施工电源时，注意工具的绝缘防护，检查新设备电源系统无故障后方可割接，防止出现设备损坏、人员伤亡事故。

（5）防毒及地下作业时的安全措施

使用抽风机或开启自然通风设备，保持空气流通；施工人员应佩戴适当的防毒面具或口罩，以防止吸入有毒有害物质。在施工前进行地下设施的详细勘察，包括电缆、管道、地铁等；地下作业人员应佩戴适当的个人防护装备，如安全帽、防护服、手套等。

（6）公路上作业的安全防护措施

严格按照批准的施工方案施工，服从交警的管理指挥，保护公路设施，协调施工与交通安全的关系。

（7）高空、高处作业时的安全措施

对于高处作业，如安装桥架、布线等，提供稳固的工作平台和防护设施。高空作业人员必须经过专门培训，取得资格证书后方可上岗。安全员严格按照操作规程检查，作业人员接受危险岗位操作规程书面资料，明白违章操作的危害。

⊖开拓视界

通过加强安全宣传教育，普及安全常识，提高学生的安全意识，是实现安全生产的基础。在安全管理教育中强调生命安全教育，复盘事故原因，学习事故预防等，引导学生珍惜生命，重视安全管理工作。同时培养学生的社会责任感，使学生认识到生产安全问题是关系到社会和谐和稳定发展的头等大事，从而努力学习并掌握专业技能，为祖国的安全事业贡献力量。

简答题

1. 简述综合布线工程现场管理制度与要求。

2. 简述综合布线工程材料管理的要求。

任务三　质量和成本管理

在综合布线工程项目中，质量和成本管理是相辅相成的。高质量的工程能减少后期维护成本，而有效的成本控制能保障项目资源的合理利用。两者的平衡与优化对项目的成功至关重要。本任务将介绍质量和成本管理的理念、方法、控制要点以及两者之间的协调策略等，助你实现项目的高质量与低成本双赢。

活动一　了解质量管理

在工程项目中，质量管理是确保工程达到既定标准和要求的重要环节。它不仅关乎工程质量的优劣，还直接关系到工程的安全性、可靠性和耐久性。因此，在施工组织和施工现场中，我们必须对质量管理给予足够的重视，并采取一系列有效措施来加强质量管理。

质量管理主要表现为施工组织和施工现场的质量管理，包括工艺质量控制和产品质量控制。影响质量管理的因素主要有人、材料、机械、方法和环境五大方面。因此，对这五大方面严格管理是保证工程质量的关键。为了实现有效的质量管理，需要从以下几个方面着手。

（1）成立质量管理领导小组

现场成立以项目经理为首的质量管理领导小组，各分组负责人参加，进行全面质量管理。小组的主要职责是建立完善的质量保证体系与质量信息反馈体系，进行工程质量控制和监督。通过层层落实"工程质量管理责任制"和"工程质量责任制"，确保每个责任人清楚自己的职责和任务，从而有效地保障工程质量。

（2）投入专业训练及经验丰富的人员

承包方在工程中应投入受过专业训练及经验丰富的人员来施工及督导。这些人员具备丰富的实践经验和专业知识，能够准确地把握工程质量的关键节点，及时发现并解决潜在的质量问题。

他们的参与将为工程质量提供有力的保障。

（3）确保施工质量

项目施工经理、技术主管、质检工程师、建设单位代表、监理工程师共同按照施工设计规定和设计图纸要求检查施工质量。检查内容包括管槽是否有毛刺、拐弯处是否安装过渡盒等细节问题。通过严格的检查和验收，确保施工质量符合设计要求和规范标准。

（4）坚持高标准严要求

在工程施工过程中，坚持高标准严要求。预先确定标准样板材料和制作方法，进场材料认真检查质量，施工中及时自查和复查，完工后全面检查和测试。同时，严格按照施工图纸、操作规程及现阶段规范要求施工，严格管理施工过程，严格遵循隐蔽工程交验签字顺序，每天班前、班后召开会议，确保工程质量得到有效控制。

（5）认真做好施工记录

施工过程中，需要认真做好施工记录。定期检查施工质量和相应资料，保证资料鉴定、收集、整理和审核与工程同步。这样做不仅有助于追踪工程质量问题的来源和责任归属，还能够为后续的质量评估和验收提供有力的证据支持。

（6）加强材料的质量控制

原材料进场必须有材质证明，取样检验合格后方可使用。器材成品、半成品进场必须有产品合格证，无证材料不准进场。进场材料需有专人看管以防丢失。通过严格的材料质量控制，确保工程使用的材料符合质量要求，从而保障整体工程质量的稳定性和可靠性。

（7）认真做好技术资料和文档工作

仔细保存各类设计图纸资料，记录各工序和工作，完工后整理整个系统的文档资料。这些技术资料和文档不仅是工程施工过程的真实记录，更是今后应用和维护的重要依据。通过完善的文档管理，我们可以更好地了解工程的施工历程和质量状况，为今后的运营和维护打下良好基础。

活动二 了解成本控制管理

在当今日益规范化、价格透明化的网络综合布线行业，市场竞争愈发激烈。在这种背景下，降低成本至最满意程度成为企业立足行业的关键。为了实现这一目标，我们需要从施工前计划、施工过程中的控制以及工程实施完成的总结分析三个方面着手，全面加强成本控制管理。

1. 施工前计划

（1）做好项目成本计划

项目成本计划是项目实施前的成本管理初期活动，具有重要的指导意义。根据内部承包合同确定目标成本，公司按施工进度计划确定每个项目的周期成本计划和总成本计划。通过计算保本点和目标利润，我们可以为控制生产成本提供明确的依据。这一过程需要充分考虑项目的实际情况和市场变化，确保成本计划的合理性和可行性。

（2）制订施工方案

施工方案的合理性直接关系到项目成本的控制。在制订施工方案时，需要充分考虑项目的具体情况和技术要求，选择最佳的施工方法和工艺。同时，还需要考虑施工过程中可能遇到的风险和问题，提前制订应对措施，以避免不必要的损失和浪费。

（3）组织签订合同

通过公开招投标，由公司经理组织相关部门人员与项目经理一道同工程委托方协商讨论合同价格和条款，最后签订正式合同。合理的工程合同和材料合同能够明确双方的权责和利益分配，为项目的顺利实施提供法律保障。在签订合同时，需要充分考虑项目的实际情况和市场变化，确保合同的公平性和合理性。

2. 施工过程中的控制

（1）降低材料成本

材料成本占工程成本的比重最大，有较大的节约空间。实行三级收料及限额领料，对主要材料实行限额发料。结算时节约奖励、超出扣费，促使合理使用材料减少浪费。同时，组织材料合理进出场，根据施工进度编制材料计划，把好领用关和使用关，降低材料损耗率。这些措施能够有效地降低材料成本，提高项目的经济效益。

（2）节约现场管理费

现场管理费包括临时设施费和现场经费，其支出不与工程量成正比，主要由项目部支配。综合布线工程的建设工期可长可短，但临时设施支出仍然较大，为了节约现场管理费，需要优化临时设施的布局和使用效率，采用经济适用的方式，合理安排现场管理经费的使用方向和范围。通过精细化管理、规范化操作等手段，可以有效地降低现场管理费用的支出。

3. 工程实施完成的总结分析

总结分析是总结经验教训、进行下一个项目事前科学预测的开始，也是成本控制工作的继续。采取回头看的方法，及时检查、分析、修正和补充，达到控制成本、提高效益的目标。着重做好工程扫尾工作，体现奖优罚劣原则。工程完工后，组织清理现场剩余材料和机械，辞退不需要人员，支付应付费用，防止继续发生各种费用。及时做好竣工总成本结算，并根据结果评价项目成本管理工作。通过总结分析，可以不断优化成本控制策略和方法，为今后的项目实施提供有益的参考和借鉴。

活动三 | 了解工程项目成本控制基本原则

1. 科学管理

①加强现场管理，合理安排材料进场和堆放，减少二次搬运和损耗。

②加强材料管理，不错发、领错材料，避免丢窃遗失，施工班组合理使用材料，做到精用。

③材料管理人员及时组织材料发放和施工现场材料收集工作。

④加强质量控制和技术指导，做好现场施工衔接，杜绝返工，做到一次施工、一次验收合格。

⑤合理组织工序穿插，缩短工期，减少人工、机械及相关费用支出。

⑥科学安排施工程序，搞好劳动力、机具、材料综合平衡，向管理要效益。平时 1～2 人巡视了解土建进度和现场情况，有计划性和预见性，预埋条件具备时集中人力预埋，节省人力物力。

2. 技术交流

①加强技术交流，推广先进施工方法，积极采用科学的施工方案提高施工技术。

②鼓励员工开展"合理化建议"活动，提高施工班组人员技术素质，尽可能节约材料和人工，降低工程成本。

任务检测：

简答题

1. 简述综合布线工程质量管理的要求。

2. 简述综合布线工程成本控制管理的要求。

任务四 其他管理内容

在综合布线工程项目中，除常见的质量、成本管理外，还有一系列其他管理内容同样不容忽视。这些管理内容相互影响，共同决定着项目的整体成效。本任务将介绍诸如进度管理、风险管理、文档管理等其他管理内容的要点、方法和重要性，帮助你全面把握综合布线工程项目管理的各个环节。

活动一 控制施工进度

施工进度控制的关键在于编制施工进度计划，合理安排好前后作业的工序。综合布线工程施工组织进度表见表 7-4-1。

表 7-4-1　施工进度计划表

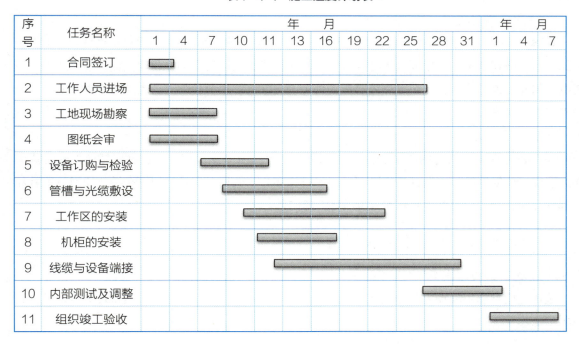

①对于与土建工程同时进行的布线工程，首先检查垂井、水平线槽和信息插座底盒是否已安装到位，布线路由是否全线贯通，设备间、配线间是否符合要求。对于需要安装布线槽道的布线工程来说，首先需要安装垂井、水平线槽和插座底盒等。

②敷设主干线缆主要是敷设光缆或大对数电缆。

③敷设水平线缆主要是敷设双绞线。

④线缆敷设的同时，开始为各设备间设立跳线架，安装跳线面板和光纤盒。

⑤当水平布线工程完成后，开始为各设备间的光纤及 UTP/STP 安装跳线板，为端口及各设备间的跳线设备做端接。

⑥安装好所有的跳线板及用户端口，做全面测试，包括光纤和双绞线的检测，并提供报告交给用户。

活动二　进行技术支持与服务

1. 项目管理中的技术和工具支持

随着项目管理的不断发展和普及，技术和工具的支持已经成为现代项目管理中必不可少的部分。无论是在传统的项目管理还是现代的项目管理中，技术和工具的应用都大大提高了项目管理的效率和效果。

（1）计划和控制

在项目管理中，计划和控制是最核心的工作之一。利用技术和工具可以更加高效地完成这些工作。例如，利用 Microsoft Project 等计划软件可以更加方便地编制项目计划，实时跟踪项目进度和资源使用情况，从而更好地管理项目。此外，利用在线协作工具如 Trello、Teamwork 等可以更好地协作和分配任务。

（2）沟通和协作

在项目管理中，沟通和协作也是非常重要的工作。利用技术和工具可以更好地实现这些工作。例如，利用微软 Teams 软件可以实时沟通协作，如主持会议、共享文件和远程协作等。此外，利用电子邮件、即时消息和社交媒体等通信工具可以更好地管理项目组成员之间的沟通和协作，提高工作效率和效果。

（3）信息收集和分析

在项目管理中，信息的收集和分析是非常重要的，利用技术和工具可以更好地完成这些工作。例如，数据挖掘和数据分析工具可以用来收集和分析数据。此外，利用在线智能问答工具如 Wolfram Alpha 等可以更好地收集和分析项目管理信息。

2. 工程各类报表的作用及要求

（1）施工进度日志表

施工进度日志由现场工程师根据每日工程进度填写施工中需要记录的事项，具体表格样式见表 7-4-2。

表 7-4-2　施工进度日志表

组别：		人数：		负责人：		日期：
工程进度计划：						
工程实际进度：						
工程情况记录：						
时间	方位、编号		处理情况	尚待处理情况		备注

（2）施工责任人员签到表

为了明确施工的责任人，每日进场施工的人员必须按进场顺序签到，每人须亲笔签名。签到表由现场项目工程师负责落实，并保留存档。具体表格样式见表 7-4-3。

表 7-4-3　施工责任人员签到表

项目名称：				项目工程师：		
日期	员工 1	员工 2	员工 3	员工 4	员工 5	员工 6
年　月　日						

（3）施工事故报告单

施工过程中无论出现何种事故，都应由项目负责人将初步情况填写到事故报告单中，具体格式见表7-4-4。

表7-4-4　施工事故报告单

填报单位：	项目工程师：
地点：	施工单位：
事故发生时间：	报告时间：
事故情况及主要原因：	

（4）工程开工报告表

工程开工前，由项目工程师负责填写开工报告，待有关部门正式批准后方可开工，正式开工后该报告由施工管理员负责保存待查。具体报告格式见表7-4-5。

表7-4-5　工程开工报告表

工程名称		工程地点	
建设单位		施工单位	
计划开工	年　月　日	计划竣工	年　月　日
工程主要内容：			
工程主要情况：			
主抄： 抄送： 报告日期：	施工单位意见： 签名： 日期：		建设单位意见： 签名： 日期：

（5）工程领用材料表

项目工程师根据现场施工进度情况安排材料发放工作，具体的领料情况必须有单据存档。工程领用材料表的格式见表7-4-6。

表7-4-6　工程领用材料表

工程名称		领料单位			
批料人		领料日期	年　月　日		
序号	材料名称	材料编号	单位	数量	备注

（6）工程施工报停表

在工程实施过程中可能会受到其他施工单位的影响，或者由于用户单位提供的施工场地和条件及其他原因造成施工无法进行。为了明确工期延误的责任，应该及时填写施工报停表，在有关部门批复后将该表存档。具体格式见表 7-4-7。

表 7-4-7　工程施工报停表

工程名称		工程地点	
建设单位		施工单位	
停工日期	年　月　日	复工日期	年　月　日
工程停工主要原因：			
计划采取的措施和建议：			
停工造成的损失和影响：			
主抄： 抄送： 报告日期：	施工单位意见： 签名： 日期：	建设单位意见： 签名： 日期：	

（7）工程设计变更表

工程设计经过用户认可后，施工单位无权单方面改变设计。工程施工过程中如确实需要对原设计进行修改，必须由施工单位和用户主管部门协商解决，对局部改动必须填报工程设计变更表，经审批后方可施工。具体格式见表 7-4-8。

表 7-4-8　工程设计变更表

工程名称		原图名称	
设计单位		原图编号	
原设计规定的内容：		变更后的工作内容：	
变更原因说明：		批准单位及文号：	
原工程量		现工程量	
原材料数		现材料数	
补充图纸编号		日期	年　月　日

（8）工程协调会议纪要表

工程协调会议纪要表见表 7-4-9。

表 7-4-9　工程协调会议纪要表

日期：			
工程名称		建设地点	
主持单位		施工单位	
参加协调的单位：			
工程主要协调内容：			
工程协调会议决定：			
仍需协调的遗留问题：			
参加会议代表签字：			

（9）工程验收申请表

施工单位按照施工合同完成了施工任务后，会向建设单位申请工程验收，待建设单位主管部门答复后组织安排验收。具体格式见表 7-4-10。

表 7-4-10　工程验收申请表

工程名称		工程地点	
建设单位		施工单位	
计划开工	年　月　日	实际开工	年　月　日
计划竣工	年　月　日	实际竣工	年　月　日
工程完成主要内容：			
提前或推迟竣工的原因：			
工程中出现和遗留的问题：			
主抄： 抄送： 报告日期：	施工单位意见： 签名： 日期：		建设单位意见： 签名： 日期：

任务检测：

简答题

1. 简述施工进度控制管理的要求。

2. 简述项目管理中的技术和工具支持的内容。

实训任务　编制施工进度表

施工进度表是综合布线工程中用于规划和控制项目施工进程的重要工具，它能够清晰地展示各项施工任务的开始时间、结束时间、持续时间以及任务之间的先后关系。编制施工进度表时，要综合考虑工程的规模、施工工序、资源配置、可能的影响因素等要素。同时，还需确保进度表的合理性、可行性和有效性。本实训要求大家掌握综合布线工程施工进度表的编制方法和要点。

➔ 实训要求

①掌握综合布线工程施工的基本流程和主要工序；
②能够合理估算各施工任务的时间，并准确设定开始和结束日期；
③能够清晰界定各任务之间的先后逻辑关系和依赖关系；
④确保施工进度表具备灵活性，能应对可能出现的变更和调整。

➔ 注意事项

①在实训室注意用电安全，不要乱动电源，不带饮料及零食进入实训室；
②不要在实训室追打嬉闹，防止摔倒，注意人身安全及设备安全；
③编写过程中，应定期保存工作进度，防止数据丢失；
④对于有严格先后顺序的工序，必须严格按照顺序安排；
⑤合理划分施工段，使各施工段的工作量大致相等，便于组织流水施工；
⑥根据资源的实际情况调整施工进度，确保资源能够满足施工需求；
⑦为不可预见的情况预留一定的缓冲时间，以应对可能出现的意外延误；
⑧与施工团队、供应商等相关方保持良好的沟通，及时获取信息，以便调整进度表。

➔ 实训内容

（1）施工任务分解
将整个综合布线工程分解为具体的施工任务，如线缆敷设、设备安装、测试调试等。
列出每个任务的详细描述和预期成果。
（2）任务时间估算
根据以往经验、参考资料和实际情况，估算每个施工任务所需的时间。
考虑可能影响任务时间的因素，如施工难度、人员技能水平等。
（3）任务关系梳理
确定各施工任务之间的先后顺序和依赖关系。

例如，某些设备安装必须在线缆敷设完成之后进行。

（4）进度表绘制

选择合适的进度表绘制工具，如 Microsoft Project 或 Excel。

按照任务的先后顺序和时间估算，将任务填入进度表中。

（5）风险评估与应对

分析可能影响施工进度的风险因素，如天气变化、设备故障等。

制订相应的风险应对措施，并在进度表中预留一定的缓冲时间。

（6）进度表优化

检查进度表的合理性和可行性，对过于紧凑或不合理的安排进行优化。

使进度表在满足项目要求的前提下，尽量提高施工效率。

（7）成果展示与评估

展示自己编制的施工进度表，并进行简要说明。

教师和其他同学进行评估，提出改进建议。

编制施工进度表实训　学生互评表

序号	观察点	观察结果（完成则打√）	评判结果
1	了解项目需求		
2	分析项目需求		
3	根据需求合理安排好前后作业的工序		
4	编写施工进度表		

项目八　综合布线工程测试与验收

项目背景

随着综合布线系统在各个领域的广泛应用，对其性能和质量的要求也越来越严格。测试与验收作为保障布线工程质量的最后一道关卡，直接关系到系统能否稳定运行和满足用户需求。然而，在实际操作中，由于测试方法不规范、验收标准不统一等问题，常导致一些布线工程存在质量隐患。所以有必要了解这方面的知识。

项目任务

施工结束，不代表工程的结束。综合布线工程的测试和验收工作贯穿整个工程，包括施工前的产品与工具验收、随工检验、初步验收以及最终的竣工验收等关键阶段，每个阶段都有其特定的内容和要求，涉及范围广泛，从物理安装到性能测试，无一不包。精确的测试流程对于发现并修正潜在的问题至关重要，测试结果直接关系到工程是否能够顺利通过验收。本项目就是要求你对商业中心的布线项目进行测试并完成验收。

学习目标

➤ 知识目标

（1）了解综合布线工程测试与验收的标准和规范；

（2）理解测试仪器的工作原理和使用方法；

（3）掌握测试数据的分析和处理方法。

➤ 技能目标

（1）能熟练操作测试仪器进行综合布线工程测试；

（2）能根据测试结果判断工程是否合格；

（3）能编写规范的验收报告和文档。

➤ 素质目标

（1）培养严谨客观的态度，确保测试与验收公正准确；

（2）重视工程质量，严格按照标准进行验收；

（3）增强服务意识，为客户提供优质的测试与验收服务。

任务一　　验收前期准备

验收是项目完工的重要环节，关乎项目成果能否被认可和交付使用。在正式验收前，充分的前期准备工作必不可少。它能确保验收过程的顺利进行，提高验收的效率和准确性。本任务将介绍验收前期准备的各项工作，包括资料整理、自检验收、人员安排等，为项目验收打下坚实基础。

活动一　了解验收步骤

综合布线工程作为信息传输的基础设施，其质量直接决定了整个信息系统的稳定性和可靠性。因此，严格的验收流程对于验证系统是否满足设计规范和业务需求，以及是否能确保高质量交付至关重要。这一过程涵盖了施工前的产品与工具验收、随工检验、初步验收及最终的竣工验收等阶段。

1. 前期验收

首先，需要组织一个验收团队，从工程开始就对各种施工环节和种类进行验收。这包括明确验收的程序和组织，进行施工前的准备检查、环境检查，以及设备材料的检验等。设备材料检验包括查验产品的规格、数量、型号是否符合设计要求，检查线缆的外护套有无破损，抽查线缆的电气性能指标是否符合技术规范。环境检查主要检查土建施工情况：检查地面、墙面、门、电源插座及接地装置、机房面积、预留孔洞等。

2. 随工验收

随工验收，即施工中的检查，包括检查线缆类（如双绞丝、光纤光缆）的敷设、线缆与连接件的端接安装、机柜机架的安装和设备安装，因为绝大部分是隐蔽工程，所以需要边施工边验收。在综合布线工程中，通过随工验收，保持对产品的整体技术指标和质量的把控，一旦发现问题，就立即通知施工单位进行整改，以确保问题得到及时解决，从而减少返工和维修成本，避免影响后续施工进度和质量。在竣工验收时，一般不再对隐蔽工程进行复查。

3. 初步验收

对于综合布线工程中的所有新建、扩建和改建项目，都应在完成施工调测后进行初步验收。初步验收应在项目计划的建设工期内进行，由建设方组织设计、施工、监理和使用等单位的相关人员参加。

初步验收还需要满足一些基本条件，如完成建设工程设计和合同约定的各项内容，有完整的技术档案和施工管理资料，以及施工单位签署的工程保修书等。

4. 竣工验收

所有设备及系统，在试运转半个月到三个月内，由建设单位向使用单位报送竣工报告（含工程的初步决算及试运行报告），并请示使用单位接到报告后，组织相关部门按竣工验收办法对工程进行验收。

工程竣工验收为工程建设的最后一个程序，对于大、中型项目可分为初步验收和竣工验收两个阶段。一般的竣工验收，其验收的依据是在初验的基础上，对系统各项检测指标进行认真考核审查，如果全部合格，且全部竣工图纸资料等文档齐全，也可对系统进行单项竣工验收。

验收文件应包括以下内容：

• 验收报告：详细记录验收中的各项检查结果，包括施工质量、设备性能等方面的评估结果。

• 验收记录：记录验收过程中发现的问题及处理情况，包括整改措施、责任方等。

• 验收证书：对通过验收的项目颁发相应的证书，证明该项目已达到预定的质量要求。

• 竣工图纸资料：包括布线工程的平面图、立面图、剖面图，以及相关的设备清单、接线表等。

活动二 确定验收依据

在国内，综合布线工程的主要验收依据包括工程合同、技术方案、施工图设计、设备技术说明书、设计修改变更单及现行的技术验收规范。其中，《综合布线系统工程验收规范》（GB/T 50312—2016）是重要的参考文档，它详细描述了建筑群与建筑物综合布线系统及通信基础设施工程的验收要求。

由于综合布线工程施工与验收涉及的范围较广，除了《综合布线系统工程验收规范》（GB 50312—2016），验收过程还涉及其他标准规范，如《智能建筑工程质量验收规范》（GB 50339—2016）、《建筑电气工程施工质量验收规范》（GB 50303—2015）和《通信管道工程施工及验收技术规范》（GB/T 50374—2018）等。

综合布线系统线缆链路的电气性能验收测试应按照《综合布线系统电气特性通用测试方法》（YD/T 1013—2013）进行。这些测试方法包括插入损耗、近端串音、远端串音等重要指标的检测。光纤信道和链路的测试方法则应参照 GB/T 50312—2016 中的附录 C 的内容。

鉴于综合布线工程中许多技术问题仍需进一步研究，工程验收时应密切关注相关部门是否发布了新的标准或补充规定，并结合工程的实际情况进行验收。

在工程竣工后，施工方需要在验收前10天通知验收机构，并提交一套完整的竣工报告。同时，施工方还需将一式三份的竣工技术资料交给建设方。这些资料包括工程说明、安装工程量、设备器材明细表、随工测试记录、竣工图纸以及隐蔽工程记录等。

在联合验收开始之前，必须组建一个综合布线工程验收组织机构。建设方有权聘请相关行业的专家，以确保验收工作的专业性和全面性。对于涉及计算机网络系统安全的关键工程部分，如防雷及地线工程，还需要邀请相关主管部门协助验收。综合布线工程验收领导小组的组建应考虑以下人员的参与：

①检验工作应由监理工程师组织施工单位的项目质检员和工长等进行验收。

②分项工程的验收应由监理工程师组织施工单位的项目技术负责人等进行。

③分部工程的验收应由总监理工程师组织施工单位的项目负责人和技术负责人等进行。

④分包工程完工后，分包单位应对所承包的工程项目进行自检，并按照标准规定的程序进行验收，并将质量控制资料移交给总包工程单位。总包单位应派人全程参与验收工作。

⑤项目工程完工后，施工单位应组织有关人员进行自检。总监理工程师应组织各监理工程师对工程质量进行竣工预验收。若发现施工质量问题，施工单位需进行整改。整改完成后，施工单位向建设单位提交工程竣工报告，并申请工程竣工验收。

⑥建设单位收到工程竣工报告后，由建设单位项目负责人组织监理、设计勘察、施工等单位的项目负责人进行工程验收。

在验收过程中，有些工程项目仅需工程双方的认可即可通过，然而有些内容并非双方签字盖章就可解决，如消防、地线工程等项目的验收，通常需要相关主管部门的参与。

验收的一般程序：

①双方单位领导阐述工程项目建设的重要意义和作用。

②听取双方项目主管和技术人员介绍项目设计规划和实施过程中所采用的方案，并对实施过程中遇到的问题、解决措施及其可能的利弊进行说明。此时，应出示由第三方专家签认的综合布线工程的各种测试数据、图表等文档。

③在现场听取各位专家的意见，并在形成一致意见的基础上拟定验收报告。报告经有关验收组人员签字盖章后生效。对于来自公安、消防等主管部门的意见，由于其具有强制性，因此在形成报告后通常还需附带所有相关的文件、标准和数据说明存档。

环境验收是指对工作区、管理间、设备间、建筑群等建筑设施和环境条件进行检查。验收内容包括以下几项。

1. 工作区、管理间、设备间验收

①房屋地面是否平整、光洁，门的高度和宽度是否符合设计文件要求，且不应妨碍设备和器材的搬运，门锁和钥匙应齐全。

②房屋预埋地槽、暗管及孔洞和竖井的位置、数量、尺寸均应符合设计要求。

③铺设活动地板的场所，活动地板防静电措施的接地应符合设计要求。

④暗装或明装在墙体或柱子上的信息插座盒底的距地高度应大于 30 cm。

⑤工作区、管理间、设备间应配置带接地保护的单相交流 220 V/10 A 电源插座。

⑥工作区、管理间、设备间应配置可靠的接地装置，设置接地时，检查接地电阻值及接地装置是否符合设计要求。

⑦工作区、管理间、设备间的位置、面积、高度、通风、防火，以及环境温、湿度应符合要求。

2. 建筑群子系统及入口设施验收

①引入管道与其他设施（如电气、水、煤气、下水道等）的位置间距应符合设计要求。

②引入缆线采用的敷设方法应符合设计要求。

③管线的入口部位处理应符合设计要求，并应检查是否采取排水及防止气、虫等进入的措施。

3. 抗震设计验收

综合布线工程的抗震设计检查应该包括结构布置与构件设计、非结构构件设计以及隔震与消能减震设计。

非结构构件的抗震设计：包括但不限于隔墙、装修、幕墙等非结构元素的抗震设计，这些构件在地震中也应保持一定的完整性和安全性。

机柜和机架的安装：应确保机柜和机架安装牢固，特别是在有抗震要求的情况下，应按施工图的抗震设计进行加固。

设备的稳定性：所有设备及其组件应安装稳固，以防止在地震中移位或倒塌。

缆线的敷设：应确保缆线按照抗震设计规范敷设，避免在地震中发生断裂或损坏。

保护措施：应采取适当的保护措施，如使用抗震支架、桥架等，以减少地震对缆线的影响。

⊟开拓视界

（1）四川某高校网络中心验收造假案

案件概述：2020 年，四川某高校在进行网络中心升级改造的综合布线工程验收过程中，发现施工方在验收记录上伪造签字和验收日期。

详细经过：该校在后续审计中发现验收文档存在明显异常，部分签字笔迹相似，且与实际验收时间不符。通过内部调查揭露出施工方为了提前获得工程款，私自伪造了相关文档。

处理结果：施工公司被立即中止合同，进入法律程序解决纠纷。相关责任人被追究法律责任，学校加强了对工程项目管理及验收流程的监督。

（2）广东某数据中心项目验收贿赂案

案件概述：2022年，广东某数据中心的综合布线工程项目在验收阶段曝出贿赂丑闻。施工方通过贿赂验收人员，使其对多项不达标的工程视而不见。

详细经过：在数据中心运行初期出现多次故障后，公司内部启动调查程序，发现施工方向验收团队进行贿赂，导致多项关键性测试被忽略，造成安全隐患。

处理结果：施工方和接受贿赂的验收人员都被追究了法律责任，数据中心管理方紧急重新安排了独立的第三方验收，以确保所有设施符合安全和性能要求。

任务检测：

一、填空题

依据验收方式，综合布线系统工程的验收可分为 _____、_____、_____ 和 _____ 四个阶段。

二、选择题

工程验收项目的内容和方法，应按照（　　）的规定执行。

A. TSB-67　　　　　　　　　　　B.GB 50311—2016

C.GB/T 50312—2016　　　　　　　D.TIA/EIA 568A

三、简答题

1.综合布线工程验收有哪些相关标准？

2.简述综合布线工程环境验收的内容。

任务二　测试工作

在综合布线工程项目完成后，测试工作是检验工程质量的关键步骤。测试内容涵盖了整个连接线路的多个部分，而非局限于某一段电缆。测试结果不仅决定了项目能否进行验收，还能反映出链路电气性能的实际情况。本任务将介绍测试工作的类型、方法、标准以及测试报告的撰写等，帮助你全面掌握这一重要环节。

传输性能测试：用于评估系统的传输能力和质量，其中涉及的核心参数包括传输速率、带宽、延迟和抖动等。在实际操作中，我们通常采用网络分析仪和传输性能测试仪来进行这类测试。

电缆测试：主要检测电缆连通性、电阻、衰减和串扰等参数。常用的工具包括电缆测试仪和时域反射仪等。这些设备能够准确地识别出电缆中的故障点，为维修工作提供极大的便利。

光纤测试：主要用于评估光纤连通性、衰减、反射损耗和色散等参数。为了进行光纤测试，我们需要使用光功率计、光源和光纤时域反射仪等专业工具。这些工具能够帮助我们快速定位光纤故障，并评估光纤的整体性能。

网络连接测试：主要验证网络连接的可靠性和稳定性，涉及链路连通性、延迟和丢包率等参数。在网络连接测试中，常用的工具包括 Ping 工具、Traceroute 工具和网络性能监测系统。这些工具能够实时监测网络状态，帮助我们及时发现并解决问题。

认证标准：使用如 ISO/IEC 11801、TIA/EIA-568 和 EN 50173 等认证标准为网络系统的设计、安装和测试提供了明确的指导。通过遵循这些标准，我们可以确保系统的性能和质量达到国际认可的水平。

永久链路测试：一般是指从配线架上的跳线插座算起，到工作区墙面插座位置结束，对这段链路进行的物理性能测试。

信道测试：一般是指从交换机端口上设备跳线的 RJ-45 水晶头算起，到服务器网卡前用户跳线的 RJ-45 水晶头结束，对这段链路进行的物理性能测试。

1. 电缆测试仪

电缆测试仪的主要功能包括检测开路、断路、串扰等基本安装情况，及时发现故障。常见的电缆测试设备包括万用表（图 8-2-1）、连通性测试仪（图 8-2-2）和电缆分析仪（图 8-2-3）。

图 8-2-1　指针式万用表和数字万用表

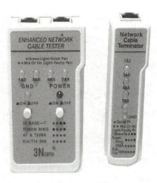

图 8-2-2　连通性测试仪

图 8-2-3　电缆分析仪

2. 光纤测试仪

光纤测试仪的主要功能包括测试连续性、衰减 / 损耗、输入输出功率，分析光纤衰减 / 损耗部位。常见的光纤测试仪包括光纤识别仪（图 8-2-4）、故障定位仪、光功率计（图 8-2-5）、光纤测试光源（图 8-2-6）、光损耗测试仪和光时域反射仪（图 8-2-7）。

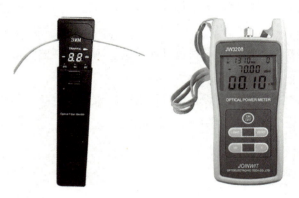

图 8-2-4　光纤识别仪　　　　　　　图 8-2-5　光功率计

图 8-2-6　光纤测试光源　　　　　　图 8-2-7　光时域反射仪

测试仪是网络工程师进行故障检测和系统维护的重要工具，帮助其做出准确判断和决策。在未来的工作中，我们也应注意利用科技力量解决遇到的问题。

测试仪需要定期校准和维护，以确保其准确性，正如我们需要持续学习和自我提升以适应不断变化的社会需求。

活动三 认识测试类型

综合布线系统测试从工程的角度可分为电缆传输链路验证测试和电缆传输通道认证测试两种。

验证测试：在施工过程中由施工人员边施工边测试，以保证所完成的每一个部件连接的正确性。此项测试只注重综合布线的连接性能，主要是确认现场施工人员穿线缆以及连接相关硬件的安装工艺是否标准。常见的故障有连接短路、连接开路、双绞线接线图错误等。

认证测试：实际上是对整个综合布线工程的检验，不但测试连接性能，还要测试电气性能。通过认证测试确认所安装的线缆及相关连接硬件与安装工艺是否达到设计要求和有关标准的要求，因此，必须使用能满足特定要求的仪器并按照相应的测试方法进行，才能保证测试结果有效。

1. 验证测试

简易通断测线仪：最简单的电缆通断测试仪，包括主机和远端机。它能简单判断双绞线8芯线的通断情况，但不能定位故障点。

电缆线序检测仪：小型手持式验证测试仪，可以方便地验证双绞线连通性，检测开路、短路、反接、错对及串扰等问题。

- 开路：指不能保证电缆链路一端到另一端的连通性。
- 短路：通常为插座中不止一个插针连在同一根铜线上。
- 反接：同一对线两端的引脚接反，如一端为1-2，另一端为2-1。
- 错对：在双绞线布线过程中必须采用统一标准TIA/EIA 568A或TIA/EIA 568B，如果两条线缆连接时，一条线缆的1-2引脚接在另一条线缆的3-6引脚上，则形成错对。
- 串扰：将原来的两对线分别拆开又重新组成新的线对。

2. 认证测试

电缆分析仪：一种单端电缆测试仪，进行电缆测试时无需远端单元即可进行通断、距离、串扰等方面的测试，使用远端单元可查出接线错误及电缆走向，省时省力。

关键测试参数解释如下：

- 插入损耗：元件或器件插入前负载上所接收到的功率与插入后同一负载上所接收到的功率之间的损失量，通常指衰减。其以分贝（dB）为单位，值越小越好。为了降低该数据，生产制造的网络线需保证采用高纯度无氧铜和绝缘材料，线径达到或超过规定标准，同时保证线芯的同心度不低于98%。

- 近端串扰：评估网络性能的关键指标。网络在传送和接收数据时是同步的，NEXT是当传送与接收同时进行时，一条UTP链路中从一个对线到另一个对线的信号耦合，这个值随着电缆长度的增加而变小，所以一般在40 m内测试得到的值比较真实可靠。为了提高双绞线这个方面的性能，生产时一般要求保证每个线对绞距稳定，并采取不同线对使用不同绞距的方式，减少线对之间的干扰。

- 综合近端串扰：几个同时传输信号的线对对一个不传输信号的线对的串扰总和，单位是dB。

- 衰减串扰比：线缆的近端串扰值与信号通过该线缆时的衰减值的差值，单位是dB。其值越大，表示该线缆抗干扰能力越强，一般的布线系统要求值大于10 dB。

- 回波损耗：又称为反射损耗，是电缆链路由于阻抗不匹配所产生的反射，是一对线自身的反射。不匹配主要发生在连接器的位置，但也可能发生于电缆中特性阻抗发生变化的地方，所以施工的质量是提高回波损耗的关键。

3. 测试报告错误信息分析

对双绞线进行测试时，可能出现的问题有：接线图未通过、长度未通过、衰减未通过、近端串扰未通过，也有可能因为测试仪的问题造成测试错误。

- 接线图未通过：可能的原因有两端的接头有断路、短路、交叉、破裂开路、跨接错误。

- 长度未通过：可能的原因有NVP设置不正确，可用已知的好线确定并重新校准NVP实际长度；开路或短路；设备连线及跨接线的总长度过长。

- 衰减未通过：可能的原因有双绞线长度过长、温度过高、连接点有问题、链路线缆和接插件性能有问题或不是同一类产品、线缆的端接质量有问题。

- 近端串扰未通过：可能的原因有近端连接点有问题、远端连接点短路、错对、外部噪声、链路线缆和接插件性能有问题或不是同一类产品、线缆的端接质量有问题。

任务检测：

一、选择题

1. 综合布线系统的测试主要针对哪些部分进行？（　　）

A. 仅电缆　　　　B. 仅模块　　　　C. 仅跳线　　　　D. 整个连接线路

2. 传输性能测试评估的核心参数不包括（　　）。

A. 传输速率　　　B. 带宽　　　　　C. 颜色　　　　　D. 延迟和抖动

二、判断题

1. 验证测试只注重综合布线的连接性能。　　　　　　　　（　　）

2. 插入损耗值越大越好。　　　　　　　　　　　　　　　（　　）

3. 开路是指不能保证电缆链路一端到另一端的连通性。　　（　　）

三、简答题

1. 什么是信道测试？

2. 插入损耗是如何定义的？

任务三　验收工作

　　验收工作是项目收尾的重要环节，它是对项目的成果和过程进行全面审查，决定着项目能否成功交付。验收过程复杂且涉及多方，需要遵循严格的标准和流程。本任务将介绍验收工作的流程、标准、要点及相关注意事项等，助你顺利完成验收工作。

活动一　检查器材

　　网络综合布线中的器材检查主要包括对各种线缆材料的检验，如线缆、连接头、管槽等。

1. 检查器材

　　①施工前应检查所有线缆和器材的品牌、型号、规格、数量、质量，确保它们符合设计要求并具备相应的质量文件或证书。任何无出厂检验证明或与设计不符的材料都不得在综合布线工程中使用。

　　②对已检查的器材做好记录，不合格的器材应单独存放，以备核查与处理。

　　③进口设备和材料应具有产地证明和检验证明。

　　④工程中使用的线缆、器材应与订货合同或封存的产品在规格、型号、等级上相符。

　　⑤备件、备品及各类文件资料应齐全。

（1）河北省衡水市翡翠华庭工地升降机轿厢坠落事故

事故概况：2019年4月25日，河北省衡水市翡翠华庭项目工地发生施工升降机轿厢坠落，造成11人死亡、2人受伤，直接经济损失约1 800万元。

原因分析：施工升降机标准节连接部位螺栓未安装，未进行验收即违规使用。

教训与对策：该事故暴露出企业安全生产主体责任不落实、现场管理混乱和行业监管不到位的问题。改进措施包括严格检验施工设备、加强现场安全管理和提升行业监管效果。

（2）广东省河源市麻布岗镇建筑工地坍塌事故

事故概况：2020年5月23日，广东省河源市麻布岗镇远东花园建筑工地发生坍塌，造成8人死亡、1人轻伤，直接经济损失1 068万元。

原因分析：建筑顶层装饰花架在施工荷载作用下，导致本身不稳定的模板支撑体系向外倾覆坍塌。

教训与对策：该事故教训在于企业安全生产责任未落实、违法违规建设经营。解决措施包括严厉打击违法建设、加强现场监督和提高从业人员安全意识。

2. 检查管材、型材与铁件

①采用金属管槽（图8-3-1和图8-3-2）或PVC管槽（图8-3-3和图8-3-4）时，管材表面应光滑、无伤痕，管孔无变形，且孔径、壁厚应符合设计要求。金属管槽应根据工程环境要求进行镀锌或其他防腐处理；PVC管槽则必须采用阻燃型。

②型材的材质、规格、型号应符合设计文件的规定，表面应光滑、平整，无变形和断裂。

③铁件的材质、规格应符合质量标准，不得有歪斜、扭曲、飞刺、断裂或破损；其表面处理和镀层应均匀、完整，表面光洁，无脱落、气泡等缺陷。

图8-3-1　金属管

图8-3-2　金属桥架

图8-3-3　PVC线管

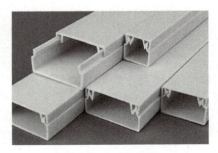

图8-3-4　PVC线槽

3. 检查缆线

①检查工程使用的电缆和光缆型号、规格及防火等级是否符合设计要求。

②检查线缆所附标签、标志的内容是否齐全、清晰。

③检查线缆外包装是否注明型号和规格，是否完好无损。若外包装损坏，应测试合格后才能在工程中使用。

④检查电缆是否附有本批的电气性能检验报告，施工前应对电缆的长度参数和电缆链路或信道的电气性能进行抽检，并做好相应的测试记录。

⑤剥开线缆头，有 A、B 端要求的要识别端别，查看线缆外端是否标出类别和序号。

⑥光缆开盘后，应检查光缆端头封装是否完好无损。若有损伤，应对该盘光缆进行光纤性能指标测试，并符合下列规定：

• 若有断纤，应进行处理，并在检测合格后再使用。光纤检测完成后，应密封固定端头，恢复外包装。

• 光纤标识应正确、明显，并符合设计要求。

• 光纤两端的连接器件端口应装配合适的保护盖帽。

• 单盘光纤应对每根光纤进行长度测试。

4. 检查连接头

①检查信息插座模块及其他连接头（图 8-3-5）、配线模块的部件是否完整，电气性能等指标是否符合相应产品生产的质量标准，塑料材质是否具有阻燃性，并满足设计需求。

②检查光纤连接头及适配品的型号、数量、规格等是否符合设计要求。

③光纤插座面板应有发射（TX）和接收（RX）的明显标志。

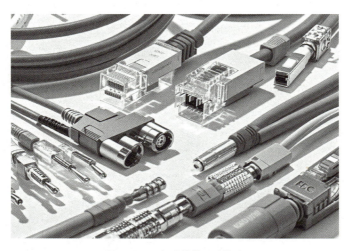

图 8-3-5　各类线缆及连接头

5. 检查配线设备

①检查配线设备的型号、规格是否符合设计要求。检查电缆的芯数、截面积、电阻等电气性能指标，以及光缆的纤芯类型、模场直径等传输特性，还需检查接插件的兼容性和性能规格是否

达标。

②检查电缆、光缆配线设备的编排与标志名称是否符合设计要求，确保各类标志的统一性和准确性，其位置应正确、清晰，便于识别和维护。

③检查电缆的电气性能、机械特性及传输性能是否满足设计要求，要确保系统的可靠性和稳定性。

活动二 检验线缆敷设与保护

1. 检查线缆敷设

①线缆的规格、型号应符合设计要求。

②线缆在各种环境中的敷设方式、布线间距应符合设计要求。

③线缆布线应该自然平直，不得产生扭绞、打圈、接头等现象，不可受外力的挤压损坏，且路由中不得出现线缆接头。

④线缆两端离端口 10 cm 处要贴有不易损坏的材料标签，书写要正确、清晰。

⑤线缆布放时应留有余量，以便适应端接和变更。

• 双绞线预留长度：在工作区信息插座底盒内宜为 3 ~ 6 cm，管理间宜为 0.5 ~ 2 m，设备间宜为 3 ~ 5 m。

• 光纤预留长度：预留长度宜为 3 ~ 5 m。楼层配线架处宜为 1 ~ 1.5 m，配线架端接时不小于 0.5 m。

⑥线缆弯曲半径应符合下列要求：

• 屏蔽 4 对双绞线的弯曲半径至少为外径的 8 倍；非屏蔽 4 对双绞线的弯曲半径至少为外径的 4 倍；主干双绞线的弯曲半径至少为外径的 10 倍。

• 2 芯或 4 芯光缆弯曲半径应大于 25 mm，主干光缆或室外光缆的弯曲半径至少为光缆外径的 10 倍。

2. 检查缆线暗管和预埋线槽敷设

①敷设暗管（图 8-3-6）和预埋线槽的两端应用标志表示出房号、序号和长度等内容。

图 8-3-6 暗管安装效果图

②敷设暗管应采用金属管或阻燃 PVC 硬管。布放大对数主干电缆及 4 芯以上双绞线时，直线管道的管径利用率宜为 50% ~ 60%，弯管的管径利用率宜为 40% ~ 50%。布放 4 对双绞线或 4 芯及以下光缆时，管道的管径利用率宜为 25% ~ 30%。

③预埋线槽宜采用金属线槽，预埋或密封线槽的截面利用率一般不超过 40%。

④光缆与电缆同管敷设时，应在暗管内预置塑料管子，将光缆敷设在子管内，使光缆和电缆分开布放，子管的内径应为光缆外径的 1.5 倍。

3. 检查桥架线槽敷设

①在密封线槽内布设电缆时，应保持电缆平齐、顺直且排列有序。尽量避免电缆交叉，同时在电缆进出线槽的部位和转弯处应进行绑扎固定。

②在水平或垂直桥架中敷设线缆（图 8-3-7）时，需对线缆进行绑扎。对于双绞线、光缆及其他信号电缆，应根据线缆的类别、直径、线芯数和数量分束绑扎，绑扎间距均匀且不宜大于 1.5 m，松紧适度。其中，双绞线应以 24 根为一束进行绑扎。

图 8-3-7　桥架布线效果图

③当线缆在桥架内水平敷设时，需在线缆的首尾、转弯处及每隔 3 ~ 5 m 的位置进行绑扎固定；当垂直敷设时，应在线缆的上端及每隔 1.5 m 的位置将其固定在桥架的支架上。

④电缆桥架应高出地面 2.2 m 以上，且桥架顶部与顶棚或其他障碍物的距离不得小于 0.3 m，若设置在吊顶内，槽盖的开启面应保持 80 mm 的垂直净空。桥架的宽度不宜小于 0.1 m，且桥架内横断面的填充率不得超过 50%。

⑤线缆布放在线槽内时，可以不进行绑扎，但槽内缆线应保持顺直，尽量避免交叉，并且线缆不应溢出线槽。在线缆进出线槽的部位和转弯处应进行绑扎固定。当垂直线槽布放线缆时，应每隔 1.5 m 将其固定在缆线支架上。

4. 检查线缆的弯曲半径

①非屏蔽双绞线的弯曲半径应至少为电缆外径的 4 倍，在施工过程中应至少为 8 倍（图 8-3-8）。

图 8-3-8　线缆布放

②屏蔽对绞电缆的弯曲半径应至少为电缆外径的 6 ~ 10 倍。

③主干对绞电缆的弯曲半径应至少为电缆外径的 10 倍。

④ 2 芯或芯水平光缆的弯曲半径应大于 25 mm；其他芯数的水平光缆、主干光缆和室外光缆的弯曲半径不应小于光缆外径的 10 倍。

⑤线缆布放过程中为避免受力和扭曲，应制作合格的牵引端头。如采用机械牵引时，应根据线缆牵引的长度、布放环境、牵引张力等因素选用集中牵引或分散牵引等方式。

⑥布放光缆时，光缆盘转动应与光缆布放同步，光缆牵引的速度一般为 15 m/min。光缆出盘盒处要保持松弛的弧度，并留有合适的缓冲余量。

5. 检查缆线保护

（1）预埋暗管的保护要求

①金属管敷设在混凝土现浇楼板内时，暗管的最大外径不大于楼板厚度的 1/3，内径不宜超过 50 mm。

②暗管在墙体、楼板内敷设时，其保护层厚度不小于 30 mm，内径宜为 15~25 mm。直线布管 30 m 应设置暗线箱等装置。

③暗管的转弯角度应大于 90°，在路径上每根暗管的转弯不得多于两个，并不应有 S 弯出现。在弯曲布管时，每间隔 15 m 处应设置暗线箱等装置。

④暗管转弯的曲率半径不应小于该管外径的 6 倍，如暗管外径大于 50 mm 时，不应小于 10 倍。

（2）预埋金属线槽的保护要求

①在建筑物中预埋线槽宜按单层设置，每一个路由进出同一过线盒的预埋槽盒均不宜超过 3 根，槽盒截面高度不应大于 2.5 cm，总宽度不应大于 30 cm。

②敷设时，在线槽接头处、转弯处、每间隔 3m 处以及离线槽两端口 0.5 m 处都需要设置支架或吊架。

（3）设置桥架的保护要求

桥架水平敷设时，底部应至少高于地面 2.2 m，桥架顶部距楼板不小于 30 cm，与横梁及其他障碍物交叉处的距离不小于 5 cm。支撑间距一般为 1.5 ~ 3 m，垂直敷设时固定在建筑物上的间距宜小于2m。

（4）网络地板的线缆敷设要求

①在架空活动地板下敷设线缆时，地板内净高宜为 15 ~ 30 cm。活动地板内如果作为通风系统的风道使用时，地板内净高不应小于 30 cm。

②在干线子系统中，线缆不得布放在电梯或供水、供气、供暖管道的竖井中，也不应布放在强电井中。竖井中线缆穿过每层楼板的孔洞宜为矩形或圆形。矩形孔洞的尺寸不宜小于 300 mm×100 mm，圆形孔洞处应至少安装三根圆形钢，管径不宜小于 100 mm。

③在建筑群子系统中，当线缆从建筑物外面进入到建筑物时，应选用适配的信号线路浪涌保护器且符合设计要求。

活动三 检查设备安装

1. 机柜、机架的安装要求

①机柜、机架安装时，垂直偏差不宜大于 3 mm，且符合设计要求（图 8-3-9）。

图 8-3-9 机柜安装效果图

②机架上的各种零件不得脱落或碰坏。漆面如有脱落应予以补漆，各种标志要完整清晰。

③机架的安装应牢固，应按施工图的要求进行加固。

④安装机架面板，架前应留有 1.5 m 的空间，机架背面离墙的距离应大于 0.8 m，以便于安装和施工。

⑤安装壁挂式机柜时，机框底距地面宜为 300 ~ 800 mm。

2. 各类配线部件的安装要求

①采用下走线方式时，架底的位置与电缆上线孔相对应。

②安装螺栓必须拧紧，面板应保持在一个平面上。

③各直列垂直倾斜误差不应大于 3 mm，底座水平度误差每平方米不应大于 2 mm。

④配线各部件应完整，安装到位，标志齐全。

⑤交接箱或暗线箱宜暗设在墙内。预留墙洞安装，箱底高出地面宜为 500 ~ 1 000 mm。

3. 信息模块的安装要求

①信息插座底盒、多用户信息插座等的安装位置和高度应符合设计要求。

②信息模块安装在地面上时，应固定在接线盒内，插座面板采用直立和水平等形式；接线盒应具有防水、防尘、抗压等功能且可开启；接线盒盖板应与地面齐平。

③信息模块安装在墙体上，宜高出地面 300 mm，如地面采用活动地板时，应加上活动地板内的净高尺寸。

④信息插座底盒明装的固定方法宜随施工现场条件而定，且固定螺栓应拧紧，不松动。

⑤各种插座面板有标识，应以文字、图形、颜色等表示所接终端设备的类型。

4. 线槽和桥架的安装要求

①桥架及槽道的安装位置应严格遵循施工图的规定，左右偏差不得超过 50 mm。

②桥架及槽道的水平度偏差每平方米不得超过 2 mm。

③垂直桥架及槽道应与地面保持完全垂直，无倾斜现象，垂直度偏差不得超过 3 mm。

④两槽道拼接处水平度偏差不得超过 2 mm。

⑤吊架安装应保持垂直，整齐牢固，无倾斜现象。

⑥金属桥架及槽道与节间应接触良好，安装牢固。

活动四 检查终接线缆

1. 线缆敷设的要求

①线缆在布放前，应核对规格、路由及安装位置是否与设计规定相符。

②线缆的布放应平直，不得产生扭绞、打圈等现象，不应受到外力的挤压和损伤。

③线缆在布放前，两端应贴有标签，以表明起始和终止位置，标签书写应清晰、端正和正确。

④电源线、信号电缆、对绞电缆、光缆及建筑物内其他弱电系统的线缆应分离布放。各线缆间的最小净距应符合设计要求。

⑤线缆布放时应有冗余。在交接间、设备间中，对绞电缆预留长度一般为 3 ~ 6 m，工作区中为 0.3 ~ 0.6 m；光缆在设备端的预留长度一般为 5 ~ 10 m。有特殊要求的应按设计要求预留长度。

2. 各类线缆端接的基本要求

①线缆的类型、长度及性能指标应符合设计要求。

②线缆在端接前，必须核对线缆标识内容是否正确。

③各类线缆和连接件应保持可靠接触，线序无误，标志齐全。

④线缆端接处必须牢固、接触良好，且中间无接头。

⑤线缆与连接头连接应认准线号、线位色标，不得错接。

3. 双绞线端接的要求

①每对双绞线端接时，应保持扭绞状态，扭绞松开长度对于五类线不应大于 13 mm，对于六类线尽量保持扭绞状态，减小扭绞松开长度。

②双绞线与 8 位模块式通用插座相连时，必须按色标进行卡接，T568A 和 T568B 两种线序方式均可采用，但同一综合布线工程中，只能选用一种线序方式。

③4 对双绞线和非 RJ-45 模块端接时，应按线序和组成的线对进行连接。

④在屏蔽双绞线的屏蔽层与连接头的端接处，屏蔽罩应通过紧固件 360° 接触，接触长度不应小于 10 mm。

⑤对于不同的屏蔽线缆，屏蔽层应采用不同的端接方法，但编织层或金属箔与汇流导线必须进行有效的端接。

⑥信息插座底盒不宜兼作过路盒使用。

4. 光纤端接及接续的要求

①纤对接头可采用尾纤熔接和机械接续连接方式。

②纤对纤可采用熔接和光纤冷接子连接方式。

③采用光纤配线盒对光纤进行连接、保护；盒内的光纤弯曲半径应符合要求。

④光纤熔接时损耗值符合技术要求：多模光纤应小于 0.3 dB，单模光纤应小于 0.2 dB。熔接处予以保护和固定。

活动五 验收管理系统

1. 综合布线管理系统的分级

①一级管理针对单一管理间或设备间的系统。

②二级管理针对同一建筑物内多个管理间或设备间系统。

③三级管理针对同一建筑群内多栋建筑物的系统，包括建筑物内部及外部系统。

④四级管理针对多个建筑群的系统。

2. 综合布线管理系统的要求

①管理系统级别的选择应符合设计要求。

②管理系统的每个部分均应设置标签，并有唯一的标识符标识，标签和标识符须符合设计要求。

③管理系统的记录文档应详细、完整并汉化，包括每个标识符的相关信息、记录、图纸等内容。

④对不同级别的管理系统可采用通用的电子表格、专用的管理软件等进行维护管理。

3. 综合布线管理系统标识符及标签设置的要求

①标识符须包括安装场地、主干线缆、水平线缆、线缆终端位置、线缆管道、连接器件、接地等内容的专用标识，管理系统中的每一组件应指定一个唯一标识。

②管理间、设备间所设置配件设备及信息点处须设置标签。

③每根线缆应指定专用标识，标在线缆的护套上或在每一段护套 30cm 内设置标签，线缆的端接点应设置指定的专用标签标识符。

④接地体及接地导线应指定专用标识符，标签设置在靠近导线和接地体处的明显位置。

⑤根据设置的部位不同，可使用插入型、粘贴型等类型的标签，标签内容应清晰，材质应符合布线工程应用环境，具有耐磨、附着力强、抗恶劣环境等性能。

⑥端接色标应符合线缆的布放要求，线缆两端的端接点色标颜色须一致。

4. 综合布线管理系统各组成部分信息记录和报告的要求

①信息记录包括管道、线缆、连接头及连接位置、接地等内容，各组成部分的记录中应包括相应的标识符、类型、位置等信息。

②报告包括管道、场地、线缆、接地系统等内容，各组成部分的记录中应包括相应的记录。

任务检测：

一、选择题

1.综合布线系统工程的验收内容中，下列验收项目不属于隐蔽工程验收的是（　　）。

A. 管道线缆　　　B. 埋式线缆　　　C. 隧道线缆　　　D. 架空线缆

2.综合布线系统工程的验收内容中，下列验收项目属于环境验收的是（　　）。

A. 施工电源　　　B. 外观检查　　　C. 消防器材　　　D. 电缆的电气性能测试

二、简答题

1.简述综合布线工程检查器材的内容。

2.简述综合布线工程检查终接线缆的内容。

实训任务　撰写竣工文档

竣工文档是综合布线项目完工后的重要总结性文件，它全面记录了项目的实施过程、技术参数、质量状况以及验收情况等关键信息。撰写竣工文档时，要综合考虑项目的各个方面。同时，还需遵循相关的规范和标准，确保文档的准确性、完整性和规范性。本实训要求大家掌握综合布线项目竣工文档的撰写方法和要点。

➤ 实训要求

①熟悉综合布线项目竣工文档的组成部分和格式规范；

②能够准确收集和整理综合布线项目各个阶段的相关资料；

③对项目情况进行详细且有条理的描述；

④确保竣工文档中的数据准确无误；

⑤能够按照规定的模板和要求进行文档的排版和装订。

➤ 注意事项

①在实训室注意用电安全，不要乱动电源，不带饮料及零食进入实训室；

②不要在实训室追打嬉闹，防止摔倒，注意人身安全及设备安全；

③编写文档过程中，应定期保存工作进度，防止数据丢失；

④资料收集要全面，避免遗漏重要信息；

⑤文字描述应简洁明了，避免使用模糊或含混的词语；

⑥数据的记录和引用要严格遵循实际测量和测试结果，不得随意编造；

⑦注意文档的保密性，对于涉及敏感信息的部分要按照规定进行处理；

⑧严格遵循相关行业标准和规范来撰写竣工文档；

⑨与项目团队成员保持良好沟通，确保文档内容的一致性和准确性。

➤ 实训内容

（1）竣工文档格式与规范学习

学习竣工文档的标准格式和排版要求。

了解文档中各部分内容的先后顺序和重点。

（2）资料收集与整理

收集综合布线项目设计文件、施工记录、测试报告、变更通知等相关资料。

对收集的资料进行分类、筛选和整理，确保资料的完整性和准确性。

（3）文档撰写

根据整理好的资料，按照规范格式撰写竣工文档的各个部分，包括项目概述、施工过程、设备安装、测试结果、质量评估等，注意语言表达的规范性和专业性。

（4）审核与修改

小组内部互相审核竣工文档，检查内容的准确性、完整性和规范性，根据审核意见进行修改和完善。

（5）成果展示与评价

每个小组展示撰写完成的竣工文档。

教师和其他小组进行评价，提出进一步的改进建议。

撰写竣工文档实训　学生互评表

序号	观察点	观察结果（完成则打√）	评判结果
1	交工技术文件（13项，详细内容见表8-6-1）		
2	验收技术文件（12项，详细内容见表8-6-1）		
3	施工管理（3项，详细内容见表8-6-1）		
4	竣工图纸（8项，详细内容见表8-6-1）		
5	竣工报告		

表 8-6-1 竣工文档目录

序号	文件类别	文件标题名称	页数	备注
1	交工技术文件	工程说明		
2		开工报告		
3		施工组织设计方案报审表		
4		开工令		
5		材料进场记录表		
6		设备进场记录表		
7		设计变更确认函		
8		工程临时延期申请表		
9		工程最终延期申请表		
10		隐蔽工程报验申请表		
11		工程材料报审表（附材料数量清单及厂家证明文件）		
12		已安装工程量总表		
13		重大工程质量事故报告		
14	验收技术文件	工程交接书		
15		工程竣工初验报告		
16		工程验收终验报告		
17		工程验收证明书		
18		已安装设备清单		
19		设备安装工艺检查情况表		
20		线缆穿布检查记录表		
21		信息点抽检测试验收记录表		
22		光纤链路抽检测试验收记录表		
23		信息点抽检测试验收记录表		
24		机柜安装检查记录表		
25		接地系统检查记录表		
26	施工管理	项目联系人列表		
27		管理结构		
28		施工进度		
29	竣工图纸	综合布线信息点布放图		
30		综合布线桥架走向图		
31		综合布线系统图		
32		综合布线路由图		
33		机柜设备安装图		
34		暗装管槽立面图		
35		暗装管槽平面图		
36		标识管理文件（含编号规则、端口对应表等）		

参考文献

[1] 中华人民共和国住房和城乡建设部 . 综合布线系统工程设计规范：GB 50311—2016 [S]. 北京：中国计划出版社，2016.

[2] 中华人民共和国住房和城乡建设部 . 综合布线系统工程验收规范：GB/T 50312—2016 [S]. 北京：中国计划出版社，2016.

[3] 王公儒 . 网络综合布线系统工程技术实训教程 [M]. 4 版 . 北京：机械工业出版社，2021.

[4] 周华 . 综合布线技术 [M]. 北京：清华大学出版社，2021.

[5] 俞佳飞 . 网络综合布线 [M]. 2 版 . 北京：高等教育出版社，2018.

[6] 刘先荣 . 网络工程施工 [M]. 重庆：重庆大学出版社，2014.